八木 健一 著
Yagi Kenichi

はじめての
ランドスケープデザイン

LANDSCAPE DESIGN

学芸出版社

まえがき

　私は、これまでの約25年間、いわゆるランドスケープデザインの仕事をやってきた。実際に自分の事務所を持って計画や設計の仕事をする傍ら、専門学校や大学の講師も務めてきた。そういう経験の中から得たことをまとめ、ランドスケープデザインという職能の実際を、この道に進もうとする学生をはじめ、建築や土木、造園あるいは都市デザイン系の事務所の新人たちにも理解してもらいたいという気持ちで、この本を書くことにした。

　そもそも、私がこの分野に足を踏み入れたきっかけは、大学の建築科を卒業してから約3年間、道路設計を専門とする土木設計事務所に勤め、その後、ニュータウン設計からスタートした都市デザイン系のコンサルタント事務所に約6年間勤務するなかで、都市は土木と建築の設計だけでつくられるものではないと気づいたことに始まる。

　ニュータウンの計画では、まずその土地の環境調査や解析から始まり、いわゆるマスタープランと呼ばれる基本構想案がつくられる。それをもとに、宅地の造成計画や道路計画などが、土木系の技術者によって進められ、その上で、建築の技術者が建物の設計をする。

　私は、最初、土木系のスタッフとして入社したので、宅地造成や道路の設計を担当していたのだが、当時その事務所には、建物の周りや公園などの、いわゆるオープンスペースを専門的に計画する人がいなくて、そこは正に穴場であった。

　その後、自ら提案して造園学科出身者を補強してもらい、オープンスペース設計チームを結成したが、当時はまだランドスケープデザインという言葉は使っていなかった。

　オープンスペースの設計については、事務所の所長や上司からも明確な指導を得られなかったので、私たちは、イギリスやアメリカの都

市計画やニュータウン計画の本を参考にしながら、見様見真似で設計を進めていった。また、アメリカのローレンス・ハルプリンやダン・カイリーらが展開する、新しいランドスケープデザインについての哲学や方法論からも多くの刺激を受けた。

1977年、私はちょうど30歳で独立して、ランドスケープデザインを中心とする設計事務所を設立するのであるが、この言葉はまだあまり一般には理解されにくいと考えて、「造景」という漢字を事務所名に使うことにした。

今でも、「造景って何ですか？」と聞かれることがあるが、そうすればシメタもので、「実はカクカクシカジカのことを計画したり設計したりするんですよ」と説明する機会が得られる。しかし、それがいつまでたっても続くので、最近では説明するのもやや面倒になってきた。大学で建築を専攻している学生でも、この分野に関する知識や理解が非常に乏しい。

確かにこの分野は、扱う範囲が住宅の庭先から地球環境にまで及ぶため、何から勉強すればいいのかもわかりにくいと言えよう。私は、事務所の若い所員や学生たちに、身のまわりのすべての環境がランドスケープデザインの対象になるのであり、どうすれば少しでも住みよい環境をつくれるか、あるいは、住みよい環境を守るには何をしてはいけないかを、素直な気持ちで考えるようにと言ってきた。

ランドスケープデザインという言葉は、まだ日本語として一般の認知度は低く、ましてランドスケープデザイナーとは、どんな仕事をする人なのか、ほとんど理解されていないといってもいいだろう。

ランドスケープデザインなどというと、何かその専門の人が特別に訓練された創造力をもってしかできないもののように思われがちであるが、ヨーロッパの国々の美しい街並みを例に挙げるまでもなく、わが国にも、まだまだ素晴しい街並みは残っているし、心休まる自然の

風景もたくさんある。そして、それらは、特殊な才能のあるランドスケープデザイナーによってつくられたものとは限らないのだ。

私は、土木、建築、あるいは造園の設計に携わる人たちだけでなく、一般の人たちにも、総合的な環境づくりに対する意識レベルをもっと高めてもらいたいと思っている。

例えば、自分の住宅を新築するとき、工務店や設計事務所に設計を依頼するとする。そこで、依頼された設計者はもちろん、依頼主もその家が周辺の街並みに対してどうあるべきかを、十分に考えてほしいと、私は言いたいのだ。私たちは、これを「まちづくりの作法」と読んでいる。

喜ばしいことに、最近の新聞広告などを見ると、分譲住宅地やマンションなどを販売するために、その周辺環境の質の高さを売り物にしている物件が多くなった。つまり、建物自体はもちろんだが、付加価値としての周辺環境が良くなければ物件は売れなくなってきたということである。このような傾向は、まさにわれわれランドスケープデザイナーへの期待が高まってきたことを物語っていると言えよう。

建築の世界では、戦後、多くのユニークな「作品」が林立するようになり、建築専門の雑誌類もそれを後押しするようになった。建築を志す学生や若い人たちの会話の中にも、「建築家○○の作品が好きだ」というような話がよく出てくるが、そこには、地域性とか環境性などに対する視点が欠落していることが多い。建築は絵画や彫刻などの純粋芸術作品とは違って、それがどのような環境に建てられているかを無視して価値判断を下せるものではないはずだ。

そういった意味で、ランドスケープデザイナーは、アノニマス（anonymous）、つまり匿名性に対する理解が必要である。言い換えれば、デザイナーとしての名前を前面に出そうとするべきではないということだ。名前を売ろうとすれば、必然的に個性的なスタイルの「作

まえがき

品」をつくろうとする傾向が強くなり、その結果、周辺環境との調和を乱すことにもなりかねない。

快適な環境をつくり、それを永く維持していく主役は、その地域の住人であり、利用者である。ランドスケープデザイナーは、その良き提案者や指導者になるべきであり、自分独自の「作品」をつくろうとするものであってはならないと、私は考える。

本書の1〜4章は、私が日本大学芸術学部の建築デザインコースの学生を対象にした「環境論」の講義内容を整理、加筆したものであり、5章は、学生たちからよく質問を受けるので、蛇足かもしれないと思いながら、書き加えたものである。

私の講義では、設計の実習は行わないのであるが、3章のプロセスだけを説明しても、学生たちは何となくわかった気にはなるものの、いざ設計する段になると、どこから手をつけてよいのかわからない、という相談を受けるので、標準的な街区公園の計画をケーススタディとして加えてみた。

なお、本書で紹介する図版は、実際の仕事上の発注者や協力者との著作権の問題などを避けるため、すべて私自身が描き起こしたものである。

本書の中には、専門的な用語や図面、あるいは技術的な内容も出てくるが、読者がそれらを理解することによって、行政をはじめとする仕事の発注者や設計者と共通言語で話し合えるきっかけになろう。そして何よりも、ランドスケープデザインということに、少しでも関心を持っていただけることを願っている。

目　次

まえがき　　　　　　　　　　　　　　　　　　　　　　3

1章
ランドスケープデザインとは

1・1
ランドスケープデザインの概念　　　　　　　　　　13

1・2
ランドスケープデザインの歴史　　　　　　　　　　14

1・3
アメリカのモダン・ランドスケープデザイン運動　　16

1・4
ランドスケープデザイナーの視点　　　　　　　　　19

1・5
実際の仕事　　　　　　　　　　　　　　　　　　　39

2章

デザイン表現の基本

2・1
スケッチを描く　　　　　　　　　　　　51

2・2
スケール感覚を磨く　　　　　　　　　　53

2・3
エスキスを重ねる　　　　　　　　　　　55

2・4
イメージプランの表現　　　　　　　　　59

2・5
模型による検討　　　　　　　　　　　　63

2・6
パースによる検討　　　　　　　　　　　67

3章

計画・設計のプロセス

3・1
調査・分析　　　　　　　　　　　　　　79

3・2
企画立案　　　　　　　　　　　　　　　83

3・3
土地利用計画　　　　　　　　　　　　　86

3・4
植栽計画　　　　　　　　　　　　　　　97

3·5
施設計画　　　　　　　　　　　　　100

3·6
設備計画　　　　　　　　　　　　　104

3·7
設計のまとめ　　　　　　　　　　　112

3·8
工事費の概算　　　　　　　　　　　115

3·9
プレゼンテーション　　　　　　　　119

4 章

エレメントの基礎知識

4·1
植物　　　　　　　　　　　　　　　123

4·2
舗装材　　　　　　　　　　　　　　136

4·3
休憩施設　　　　　　　　　　　　　142

4·4
水景施設　　　　　　　　　　　　　144

4·5
照明施設　　　　　　　　　　　　　146

4·6
その他の街具、修景施設　　　　　　147

4·7
各種構造物　　　　　　　　　　　　149

5章
ランドスケープデザイナーの現実

5・1
就職先　　　　　　　　　　　　　　　　　　　155

5・2
資格について　　　　　　　　　　　　　　　　157

5・3
関連法規を知る　　　　　　　　　　　　　　　159

5・4
補助金制度への対応　　　　　　　　　　　　　161

5・5
工事監理　　　　　　　　　　　　　　　　　　162

5・6
コラボレーション　　　　　　　　　　　　　　164

5・7
報酬について　　　　　　　　　　　　　　　　167

あとがき　　　　　　　　　　　　　　　　　　170
索引　　　　　　　　　　　　　　　　　　　　172

1章
ランドスケープデザインとは

1・1 ランドスケープデザインの概念
1・2 ランドスケープデザインの歴史
1・3 アメリカのモダン・ランドスケープデザイン運動
1・4 ランドスケープデザイナーの視点
1・5 実際の仕事

1章　ランドスケープデザインとは

　この章は、まずはじめに、ランドスケープデザインとは、どのような職能で、これまでどのような歴史をたどり、また現在はどんな状況にあるのかということを理解してもらうための章です。
　2節と3節は事実を簡潔に述べていますが、1節と4節には、多少、筆者の主観やポリシーが含まれています。
　また、5節では、ランドスケープデザインとはどんな仕事か、筆者がこれまでに関わってきた多くの仕事の中から、代表的な7種類を例にあげて簡単に紹介しています。

1・1 ランドスケープデザインの概念

　一般の人にランドスケープデザインなどと言っても、なんだかよくわからない、というのが本音だろう。これは、別に人を馬鹿にしているのではない。現に、ランドスケープデザインをやっているという人に聞いてみても、これを簡潔に説明できる人は少ないと思う。

　「ランドスケープ (landscape)」は「風景」や「景観」と訳されるので、「ランドスケープデザイン」とは、「風景や景観の設計」という意味になるが、これでは具体的にどんなことをするのか、ということまでは、なかなか理解しにくいだろう。

　そもそも「風景」や「景観」とは何ぞやとか、「造園」や「環境デザイン」とはどう違うのか、「ランドスケープアーキテクチュア」というべきではないのか、などという議論を好む人も多いが、こういった難しい解釈の問題はさておき、ここでは「ランドスケープデザイン」を「従来の土木、建築、造園といった専門分野に割り切れない総合的な環境の計画や設計」という程度の意味に理解しておこう。私はこれを「造景」と呼んでいる。そして、このような職業に携わる人を、ここでは「ランドスケープデザイナー」と呼ぶことにする（図1・1）。

図1・1　ランドスケープデザイン（＝造景）の概念

1・2 ランドスケープデザインの歴史

「ランドスケープ」という英語は古くからあるが、それを扱う職能を明確にしたのは、ニューヨークのセントラルパークを設計した、フレデリック・ロウ・オルムステッドが1800年代の後半に「ランドスケープアーキテクチュア（landscape architecture）」という言葉を発表したことが始まりだと言われている。

その内容は「人と自然の関係を科学的（生態的）、芸術的に究明して、相互の関係を総合的に調和ある関係として空間化し、それを持続させることによって大地を管理していく専門分野」(㈳日本造園学会編『ランドスケープ大系』)となっている。

1925年に設立された日本造園学会の英語名も「Japanese Institute of Landscape Architecture」であり、この思想が反映されている。さらに、当初からの学会機関誌であった『造園雑誌』という名称が、1994年に『ランドスケープ研究』に変更されたが、変更直前の『造園雑誌』57巻3号の編集後記には、「『ランドスケープ』は、近年、その社会的重要性が増すにつれて、造園の周辺領域でも頻繁に使われるようになってきている。そのため『ランドスケープ』を造園学固有の用語としてアピールしておきたいという会員の声も多く聞かれることから、学会誌に『ランドスケープ』の用語を用いることが望ましいという結論となった」と記されている。

日本において、ランドスケープデザインと呼べる計画の始まりは、

1903(明治36)年に開園した、東京の日比谷公園ではないだろうか。当時の東京帝国大学林学科教授であった本多静六博士が、ドイツから持ち帰った造園図集を参考にしながら設計したといわれている。

1926(大正15)年に完成した明治神宮外苑は、現在でも絵画館前のイチョウ並木として親しまれているが、当時にしては斬新な景観軸を都市計画に取り入れたランドスケープデザインの代表例である。

しかし、ランドスケープデザインという意識をもった計画が展開されるようになるのは、1960年代以降であろう。1964年に東京の国立代々木競技場に隣接して広大な公園計画の設計コンペが行われ、池原謙一郎を中心とするチームの案が入選となり、実施された。池原はその後も数々の計画を世に出し、日本の近代造園のリーダーとして、若い造園設計者たちに刺激を与えた。

折しも、1964年の「第9回IFLA(世界造園家会議)日本大会」を契機に、「造園設計事務所連合」が結成され、1980年には「日本造園コンサルタント協会」へと発展する。この協会は、1985年に社団法人となり、さらに1999年6月から「㈳ランドスケープコンサルタンツ協会」と改名された。

そのほかにも、ランドスケープ関連の活動団体として、1991年に「都市環境デザイン会議」が、1995年に「日本ランドスケープフォーラム」が発足した。さらに2007年には「NPO法人景観デザイン支援機構」の設立となるが、いずれの団体にも設立の段階からさまざまな活動に、著者は深く関わっている。

1・3
アメリカの
モダン・ランドスケープデザイン運動

わが国のランドスケープデザイン界に大きな影響を与えたのは、1950年代から、アメリカのハーバード大学を中心にして展開されるモダン・ランドスケープデザインのムーブメントであろう。

ガレット・エクボ（Garrett Eckbo）、ダン・カイリー（Dan Killy）、ローレンス・ハルプリン（Lawrence Halprin）、ロバート・ザイオン（Robert Zion）そしてピーター・ウォーカー（Peter Walker）らの錚々たるスターが生まれ、日本にも彼らの考え方やデザインの方法論とともに数多くの事例が紹介されるようになった。

都田徹と中瀬勲によれば、「彼らはモダン・ランドスケープを展開すべく、『アートとデザインとの統合』『地域の土地や自然に過大なインパクトを与えないエコロジカル・デザインの発想と実践』『人間行動学や環境心理学等の知見を背景にしたデザインへの住民参加の実践』等をテーマにしてランドスケープデザインを追求し」、「彼らのデザインでは、樹木等の緑、石、地形、さらには新しい素材としてのコンクリートやメタル等が用いられた。これらの材料固有の特性を生かし、地域の気象や土地環境に適合し、かつ人びとの物理的かつ心理的な行動の要求にかなった、美的で機能的な空間造形を通じた景観の創出を試みていた」とされる（『アメリカンランドスケープの思想』鹿島出版会）。

建築家ケビン・ローチ設計による「オークランド・ミュージアム」では、ダン・カイリーが、その階段状につくられた屋上に見事なラン

ドスケープを展開し、ローレンス・ハルプリンはポートランドの「フォアコート・プラザ」（図1・2）やサンフランシスコの「エンバカデロ・プラザ」等で、コンクリートそのものを生かした大胆で衝撃的な造形を生み出した。また、ロバート・ザイオンが発表したマンハッタンのビルの隙間の「ペイリーズ・パーク」（図1・3）をはじめとする一連の小広場は「ヴェスト・ポケット・パーク」という愛称で親しまれるようになり、日本の都市の中にも、「都会の中のオアシス」としてのコンセプトが導入されるようになった。

ピーター・ウォーカーは彼らより10才ほど若いが、日本でも香川県の丸亀駅前広場や、さいたま新都心のけやき広場など、多くのプロジェクトに才能を発揮し、専門雑誌の誌面に登場することも多い。

また、アメリカ留学から帰国してデザイン活動を展開し始めた、日本の若きランドスケープデザイナーたちも、彼らが身につけたモダン・アメリカンスタイルのデザインを国内に広める一翼を担っている。

彼らの仕事に共通して見られることは、明確なデザイン・コンセプトと、幾何学的形態や直線的な造形を用いながらも、フランスの平面幾何学式庭園のような堅苦しさはなく、あたかも、カンディンスキー*の描く抽象画のような自由さが感じられる。また、伝統的な和風庭園のような自然素材だけにこだわらず、コンクリートをはじめ、タイルや金属などの新しい素材を自由に使いこなしている。

また、ハルプリンが提唱したワークショップ方式によるランドスケープデザインの実践は、近年わが国においても、各地の住民参加型まちづくりで参考にされることが多い。

---

* Vasily Kandinsky：1866年モスクワ生まれ。ドイツのバウハウスで教え、創作と理論による抽象芸術の先駆者。

図1・2　フォアコート・プラザ（設計：ローレンス・ハルプリン）

図1・3　ペイリーズ・パーク（設計：ロバート・ザイオン）

1・4
ランドスケープデザイナーの視点

1. みる、かんじる、そうぞうする

◇みること

　私は、先に、身のまわりのすべての環境がランドスケープデザインの対象になると書いたが、学ぶことの始めは、いろいろなことに興味をもつことである。そして、それをよく「みる」ことが大切だ。「みる」という漢字にもいろいろあるが、次の七つを当てはめて考えるとわかりやすい（図1・4）。

　最も一般的には「見る」という字が使われるが、見物や見学というと、あまり深く探るような感じには聞こえない。

　そこで、何か他の事例を調査しに行くというような場合には、視察といって、もっと深く「視る」という意味を持たせる。

　次に、観察するという意味の「観る」があるが、これは物事の実態を理解することである。子供の頃に、夏休みの宿題で、朝顔の成長を観察したり、蟻の巣の観察をした記憶があるだろう。

　さらに鑑賞という意味の「鑑る」が挙げられる。この意味は音楽鑑賞などと使われるように、前の三つと違い、視覚だけでなく、聴覚な

ども含めた、より感性に訴える傾向が強くなる。

　監督の「監」も「みる」と読める。私たちが、実際の仕事で工事現場を監るというふうに使う場合は、ただ現場に立って、様子を見るだけでは何の役にも立たない。図面との整合性や工事の進捗をチェックし、時には臨機応変な変更指示を与えなければならない。

　身体の具合が悪いと、医者に「診て」もらうというが、私たちの職業でも「診る」ことは大切だ。例えば、庭木や街路樹などの健康状態を診たり、建築物やいろいろな施設の傷み具合を診て、いわゆる診断を下すことも求められる。

　その後でよく「看る」ことが必要になる。傷んだ所を手当して元に戻るようにするか、それ以上悪くならないようにケアすることだ。硬い言い方では、維持管理という。

　以上のように、「みる」にもいろいろな意味がある。いちいちこのような漢字を意識してものをみている人はいないと思うが、何事もただ漠然とみていたのでは、何も心に残らないし、身につくこともない。

　毎日の生活の中でも、何か昨日とは違う環境に気づいたら、そこでよ

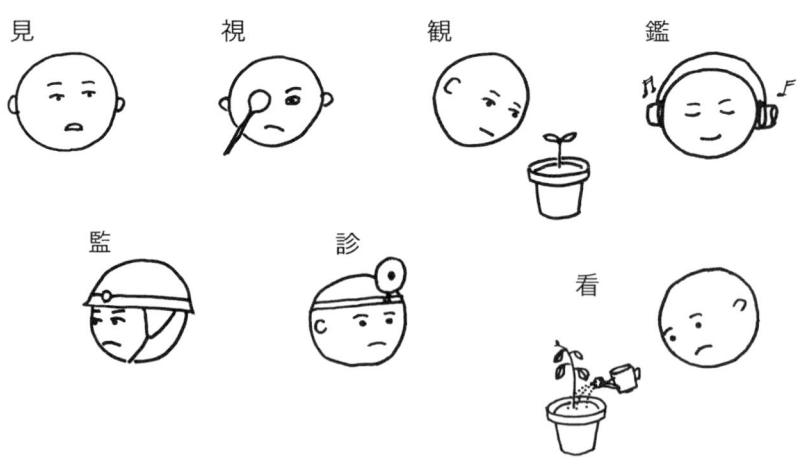

図1・4　七つの「みる」

くみてみよう。例えば、いつも通る道で道路工事をしているのをよくみれば、舗装の断面がわかり、舗装工事の手順を知ることもできる。

◇かんじること

　デザイナーには深い感受性、つまり物事を感じとる能力が必要である。身のまわりの出来事に敏感な人もいれば、比較的鈍感な人もいるが、デザイナーを志すのならば、感受性を磨かなければならない。生まれつきの個人差は多少あるものの、日頃の意識の持ち方で、これを磨くことはできる。

　「アメニティ」という言葉を最近耳にすることが増えたが、これは「快適性」という意味で使われる。人はたいてい、快適なモノより、不快なモノに対して敏感に反応する。ものすごく快適だという場合には声に出して喜ぶこともあるが、普通の状態というか、ほどほどの感じではあまり特別な表現をしない。しかし、ちょっとでも不快なこと、例えば、暑いとか、うるさいとか、臭いなどというときには、顔にまでその感情が表われる。

　日常的には、このどちらでもないホドホドさやイイカゲンさが大切なのだ。ここで言うイイカゲンとは、でたらめなことではなく、良い加減という意味であり、普段はホドホドイイカゲンの環境で生活できれば申し分ないわけで、これをアメニティという。だからこそ、たまに素晴しい自然に接したり、温泉に浸かったりすると、喜びが一層増すのだ。

　それでは、どうすればこのアメニティを維持することができるのか。まずは、不快な状況を減らしたり削除することである。そこで、五感を働かせることが必要になる。五感とは、言うまでもなく、視覚、聴覚、嗅覚、味覚、触覚のことである。人間はどこでさまざまな快・不快を感じるのかを考えるとわかりやすい。

例えば、今いる教室やオフィスのアメニティについて考えてみると、「手元が暗い」「まわりがうるさい」「何か臭い」「椅子が硬い」「蒸し暑い」などという意見がいろいろ出てくる。そこで、まずそれら諸々の感覚はどの器官で感じるのかを考えてみる。手元が暗いというのは、視覚つまり目で感じるのであり、うるさいということは聴覚すなわち耳で感じ、臭いのは鼻の嗅覚で感じるということを意識するようになる。

アメニティの高い環境をつくりだすために、ランドスケープデザイナーは常にそういう感覚に敏感であることが大切である。

◇そうぞうすること

ランドスケープデザインとは、モノづくりよりも場（空間）づくりであるという考え方が大切であり、そのデザイナーには優れた「イマジネーション（imagination）」と「クリエーション（creation）」の能力、つまり想像力と創造力が必要である。

しかし、創造力については意識していても、中には想像力に欠けた人も多いように思われる。街なかのちょっとしたオープンスペースで、かなり費用をかけたと思われる空間が、いつ通っても誰にも利用されていないような光景を見るたび、無駄だなと感じることはないだろうか。その設計者には実際の場の利用状況に対する想像力が欠けていたのかもしれない。

ランドスケープデザインというものは、独自の作品として完結したモノをつくるというより、さまざまなモノの関係性をデザインする能力がより求められる。もちろん、いろいろな施設のデザインをしたり、あるいは製品の選択をする能力も大切であるが、どういう人が、どういう時に、どんな目的で利用するのかということを、あらゆる角度で想定しながら、施設や製品の配置を考え、場所づくりをすることが最

も重要な役割である。

　想像力とは、いろいろなシチュエーション（situation＝状況）を想定する能力である。同じ場所でも、季節によって感じ方は異なるし、昼と夜でもまた違ってくる。また晴れの日ばかりではなく、雨や風の強い日もある。その場を利用する人も、健康な成人ばかりでなく、小さい子供やお年寄り、あるいは身体の不自由な人など、さまざまな利用者を想定して考えなければならない。

2.　アナログとデジタル

　よく「アナログ型人間」とか「デジタル型人間」などという言い方を耳にするが、ここでいう「アナログ（analogue）」とは図形、「デジタル（digital）」とは数値という意味に理解すればよい。時計で説明すると、針式のものがアナログ型、数字で表示されるタイプがデジタル型だ（図1・5）。

　また、アナログをアート、デジタルをテクノロジー（技術）と解釈

「3時10分前です」　　「2時51分です」

図1・5　アナログ時計とデジタル時計

することもできる。したがって、前者は図形に強い感性型、あるいは右脳型の人であり、後者は数値に強い理性型で左脳型の人という意味になる。

　デザイナーやアーティストと呼ばれる人には、アナログ型の傾向が強いが、感性だけではデザイナーとしては失格である。絵画や彫刻のように純粋芸術の世界においては、作品の制作過程にあまり理論的な根拠が求められることはないが、デザインは単なる「美」だけでなく、「用」という概念、すなわちその利用目的が明確でなければならないとともに、強度や耐久性といった「強」も求められる。さらに、制作や施工法の知識も必要である。建築の設計でも、建築基準法を熟知しなければならないし、構造計算も必要となる。

　そこまで大規模ではなくても、ランドスケープデザインの中でよく導入されるいろいろな製品や施設についても、見た目の美しさだけでなく、使い勝手の良さや安全性について、十分な検討が必要である。例えば、子供の遊び場に設置する遊具が、一見楽しそうで美しい形であったとしても、子供たちが思いがけない遊び方をして、怪我をしたとすると、その設計者は重大な過失責任を負わされることにもなりかねない。

　逆に、従来のわが国の土木設計の分野では、構造強度、安全性、経済性などという、デジタル的な面に重点が置かれ、アナログ的な面、すなわちデザインに対する比重が少なかったが、近年では、大学でも総合的な景観の視点から、デザイン教育の強化が進められつつある。

　ランドスケープデザインにおいては、このように「用」「強」「美」という三原則が不可欠であり、そういった意味で、ランドスケープデザイナーを目指す人間は、アナログ面とデジタル面の両方の能力を高める努力をしなければならない。

3. ユニバーサルデザイン

　近ごろよく耳にする「バリアフリー（barrier free）」という言葉を直訳すれば、「障壁をなくす」という意味であるが、一般には身体障害者対策の観点から使われることが多い。
　しかし、最近では障害者を特別視するのではなく、「ユニバーサルデザイン」という用語を使う傾向が高まっている。「ユニバーサル（universal）」とは、「普遍的な」とか「万能の」とかいう意味であるが、障害のある人も、ない人も分け隔てなく、すべての人に使いやすいデザインが、ユニバーサルデザインということだ。
　いずれにしても、すべての人たちが公平で不自由なく生活できる環境づくりを考えることは、ランドスケープデザインにとっても、最重要課題であると言える。
　先に、ランドスケープデザイナーには想像力が必要だと述べたが、デザイナー本人が、あらゆる利用者の立場になって考えることが必要になる。例えば、自分の身体のどこかが不自由になったと想定してみるとよい。
　まず、歳をとったり怪我をしたりして足が不自由になったと想定する。不自由の度合にも段階があり、杖を使って歩ける程度から、重度の場合には車椅子を利用しなくてはならなくなる。歩行速度は遅くなり、ちょっとした段差や、まして階段の昇降は非常に困難となる。そこで、歩行面の凹凸や段差をなくしたり、階段の代わりにスロープを設け、丈夫な手すりを付ける。ちなみに、1メートルの段差をつなぐために、階段では、通常2メートルの平面長があればよいが、スロー

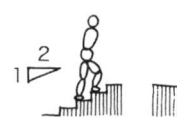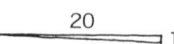

階段の場合は高さの2倍、スロープは高さの20倍の平面長が必要

図1・6　階段勾配、スロープ勾配

プにする場合は全長20メートル以上必要となる（図1・6）。

　また、車椅子でも利用できる広さのトイレや車椅子利用者の自動車専用の駐車スペースの確保も必要だ。ちなみに、最近では車椅子マークのついた公衆トイレも、乳幼児連れの人やどこか具合の悪い人も使っていいという方向になってきたが、車椅子マークのついた駐車スペースは車椅子で乗り降りできるように広めの区画になっているので、それ以外の車を駐車してはならない。

　歩道に設置されている黄色のイボイボブロックは、目が不自由な人のためのものである。あれは通称「点字ブロック」といって、目の不自由な人を安全に誘導するためのものであり、正式には「視覚障害者誘導用ブロック」という。イボイボには二種類あって、点状のものは「止まれ」で線状のものはその線に沿って「進め」のサインである（図1・7）。また、目が不自由といっても、全く視力がない人ばかりでなく、

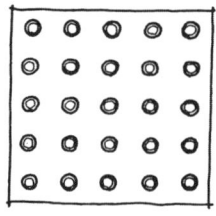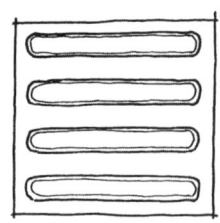

「とまれ」　　　　　「すすめ」

図1・7　点字ブロック

弱視といわれる、視力が極端に弱い人が判別しやすいという理由から黄色が使われている。

最近は駅の点字付きの自動券売機や音の出る信号機などもかなり普及してきた。

耳の不自由な人は見た目ではわかりにくいため、外では人知れず困っている場合が多い。後ろから来る車や自転車に気づかず事故に遭ったり、緊急放送や案内放送が聞こえないため、避難が遅れたり、危険に遭遇してしまうこともある。電光掲示板や文字放送の普及はそのような人にとっては大きな助けになる。

手足や目といった外見からわかる不自由さだけでなく、他人が見ただけではわからないケースも考えなければならない。例えば、直腸癌の手術などで人工肛門を付けている人などは、一定の時間ごとに、その器具をはずして洗浄しなければならず、そのためにトイレの個室の中に手洗い器の設置を望んでいる。

近年「福祉のまちづくり」というかけ声のもとに、公共空間におけるバリアフリー化が盛んに進められるようになり、そのこと自体は好ましいことではあるが、ややもすると、条例や基準に従ってさえいれば問題ないという風潮も見受けられる。また、私たちランドスケープデザイナーとしては、いわゆる障害者を意識するばかりでなく、小さい子供の視点や、ときには犬や猫の視点でものを考えることも必要である。例えば、公園と道路の間に生け垣などを設ける場合、低い位置からの視野を考慮しないと、子供やペットが急に道路に飛び出して、車に跳ねられる事故を招く危険性もあるので、十分に配慮しなければならない。

4. エコロジーの視点

　「エコロジー（ecology）」という言葉は、今や専門用語というより、新聞やテレビでも一般的に使われるようになった。本来は「生態学」という意味であるが、「エコマーク」「エコカー」「エコハウス」などと略した用語も増えて、「環境問題」とか「人や地球にやさしい○○」などというふうに解釈している人も多い。

　最も基本的な視点は、自然環境の回復と保全という点である。言うまでもなく、美しい地球の自然環境を破壊し、自らの生活環境を脅かしてしまったのは、われわれ人類であり、特に20世紀の文明国の罪が重い。

　開発という名の破壊と言われるようになって久しいが、私たちランドスケープデザインに携わる人間も、確かに反省しなければならない点もあろう。しかし、弁解するようではあるが、心あるランドスケープデザイナーたちは、他の産業分野の人間に比べれば、もともと、このエコ意識をもって仕事をしてきたと思える。私が永年関係してきた大規模な住宅地開発事業においても、経済性を最優先しようとする事業主や土木設計の担当者たちと張り合って、できる限り自然環境への影響を抑えながら、かつ快適な住環境をつくる努力をしてきたつもりである。

　大規模なプロジェクトでなくても、身近なところでエコ関連事業は広がってきており、ランドスケープデザインに関係する材料メーカーも、エコ素材といえるような新製品開発を進めている。

　屋上や壁面の緑化技術や製品、地下に雨水を浸透させるための透水

性舗装材、木材のクズや古タイヤのゴムをチップにして固めた舗装材、産業廃棄物を再利用した数々の製品、電力消費の少ない照明器具、自然に近い河川護岸を築くためのブロック、その他挙げればきりがない。

自然の樹林地を守り、都市内に緑地を多く設けることによって、地球温暖化の抑制に役立つことはよく知られている。最近では、建築の屋上緑化を進める傾向が高まっているが、これによってヒートアイランド現象と呼ばれる都市気温の上昇を軽減し、雨水の流出抑制や建築内部の保温断熱にも効果がある。

「ビオトープ（biotope）」もエコ意識の高まりにつれて、あちこちで見られるようになった。これは、ギリシャ語の「生命（bio）」と「場所（topos）」の合成語で「生物の生息環境」とでも訳せばいいと思うが、言ってみれば、トンボやホタルが飛び交う水辺や草むらのような自然的環境のことである。しかし、本来的には、そのような環境はネットワーク化されてこそ価値があり、所々にビオトープと称するミニ空間が点在する現状ではあまり意味がない。

さらに、最近では「サステイナブル（sustainable）」という言葉も聞かれるようになってきた。これは、「持続可能な」という意味であり、自給自足という意味にも近いが、従来のスクラップ・アンド・ビルド（古い物を壊して新しい物をつくる）の考え方から脱皮し、さまざまなリサイクル技術などを駆使して、新たな資源の消費を抑えていこうという考え方である。そういう意味では、わが国の昔の農地や民家、さらにそこで営まれていた庶民生活などは、サステイナビリティの典型であったと言える。

ランドスケープデザインの分野でも、これらの問題は非常に重要な課題であり、これからはエコロジーに関してさらに幅広い知識と対応能力が求められる。

5. 光と陰

　光と陰は表裏一体の関係にある。昼の光は主に太陽光であり、夜には人工の光を使う照明計画が必要になる。ランドスケープデザインにおいて、光と陰をどのように扱うかということも非常に重要である。

　建築設計では、日影図というものをつくって、北側の敷地に対して設計中の建物の影がどのように影響するかを検討するが、公園や広場の植栽計画では、ベンチや遊具などと緑陰樹木の配置関係に留意しなければならない。夏は日陰をつくり、冬には日が当たるようにしたい場合には、ケヤキなどの落葉樹を植えるとよい。また、あまり日の当たらない場所に植える樹種は耐陰性の強いものを選択する必要がある。

　四角い建物のようにシャープな形態に当たる日の影はくっきりと強くなり、丸みのある物体や樹木のように輪郭線が強くないものに当たる日の影は曖昧でソフトな雰囲気をつくりだす。谷崎潤一郎が昭和初期に著した『陰翳礼讃』からは、鮮明さよりもほの暗さを好む日本人特有の伝統的な美意識について大いに学ぶべきものがある。

　夜間の照明計画にあたっては、ただ明るくするのではなく、安全安心という視点からの最小限の照度は確保するものの、昼間とは違った夜なりの落ち着いた雰囲気を醸し出す配慮が必要である。建造物や樹木のライトアップなどによる夜間景観の演出も普及しているが、やりすぎないように注意しなければならない。

　余談ではあるが、我々日本人は、建物の影などはその北側にできるのが常識と思っているが、オーストラリアなど南半球では逆に南側に影ができるということを覚えておこう。

6. 音と匂い

　ランドスケープというと視覚的な捉え方の印象が強いが、聴覚や嗅覚も大きく関係している。

　和風庭園では古くから、鹿威しや水琴窟などのように水を利用した音発生装置も工夫されてきた。身近な音の演出としては、小川のせらぎの音、鳥のさえずり、秋の虫の音、風鈴の響きなどが思い出される。今やB.G.M.（バックグラウンドミュージック）は至る所で使われており、レストランやデパート内でそれが聞こえないと、何か落ち着かない経験もあるだろう。

　環境音に関する研究や啓蒙活動も近年活発になっており、カナダ人音楽家のマリー・シェーファーが提唱した「サウンドスケープ」という用語もよく耳にするようになってきた。

　「におい」もまた、音に負けず劣らず環境への影響が大きいものである。漢字では「匂い」と「臭い」があるが、前者は心地良く、後者は不快である。環境をデザインする上でも、意図的にいい匂いを取り込んだり、逆に嫌な臭いを感じさせないように配慮することが必要である。いい香りのする花木などを植えたり、香を焚くなどはその例である。

　人間の嗅覚はほかの動物たちに比べてかなり鈍感であると言われるが、匂い（臭い）の記憶はいつまでも残っている。海辺の町で育った人は、どこかで潮の香りがすると故郷を懐かしんだり、里山や農村特有の四季折々の香りに郷愁を感じることもあるだろう。このように環境と匂いの関係性を著者は「スメルスケープ」と呼んでいる。

7. 馴染みの美学

「馴染み」という言葉は、「馴染みの店」「幼馴染みの友」「身体に馴染んだ服」などと、日常的にもよく使われると思うが、さて、具体的には？　と考えたことはあるだろうか。

「馴染み」とは、「なれ親しんでいること」であり、「しっくりしていること」「解け合っているさま」「調和している様子」という意味になる。私は、これに「美学」という言葉を添えて、表題にあるように「馴染みの美学」という表現をよく使う。「美学」というと何か硬い感じがするかもしれないが、「美意識」とか「美的感覚」という意味に解釈してもらえばよい。

また、馴染むということは、複数の何かの間で捉えられることであり、何かが単独に周りの何物とも関係なく馴染むとか馴染まないとかを云々されることはありえない。したがって、この概念は「関係の美学」ということもできる。

近年の建築デザインの風潮をみると、個性化という意味を、他と違えることのように勘違いしているような例が多い。本当の個性とは、その内側からにじみ出てくるものであって、表面的な奇抜さを追うことではない。実際、それぞれが目立とうとしすぎるため、逆にどれも目立たなくなるばかりか、街並み景観を乱雑にしてしまっている例を挙げればきりがない。

古い街並みを訪れたときに、誰もが安らぎを感じる理由を探ると、主要な環境構成要素の種類があまり多くないことと、それらが互いに馴染みあっていることに気づくはずだ。これは「調和」や「統一感」

という表現が当てはまるが、決して「単調」とか「画一的」とは感じない。逆に、新しい住宅団地などで目にする景観の方が、さまざまな色や形の住宅が建ち並んでいるにもかかわらず画一的だと感じることが多い。このことは正に、真の個性と上辺の個性の違いといえるのではないだろうか。

　また、近ごろ景観づくりにおいて「地域アイデンティティの確立」などという表現をよく耳にするが、「アイデンティティ（identity）」は、「自己同一性」と訳される。アメリカなどでは、身分証明書のことを「IDカード」というが、この「ID」とは「アイデンティティ」の略である。「アイデンティティの確立」ということをわかりやすく言うと「〇〇らしさを明確に打ち出すこと」ということであり、他との差別化を図ることでも、まして、目立たせようとすることでもない。

　いずれにしても、大切なことは、表面的なことではなく、それぞれの本質を掘り下げていくなかで、自然にあらわれてくるものであるということを忘れないようにしたい。

　老舗(しにせ)を守り続けるのは、革新の連続だといわれる。はた目には頑固に伝統を貫いているように見られながらも、時代の変化に馴染むようにさり気なく変化させていくことが、長続きの秘訣だという。すなわち、生き続けてこそ伝統であって、跡絶えてしまっては歴史的遺物にすぎなくなってしまう。

　景観づくりにおいても、このような哲学は大切であり、世の中が進歩し生活のスタイルが変化するにつれて、その器としての建築や都市が変容するのも必然的なことだ。

　わが国では木造の建築物が主体であったため、古くなったり災害にあうたびに建て替えが繰り返されてきたが、近代以前は伝統的な様式から極端に改変されることが少なかったために、街並み景観の変化も緩やかなものであった。

しかし、明治以降、近代化は西欧化することであるという風潮が強まり、伝統的な様式が急速に姿を消していった。つまり、継続的な革新ではなくて、古いモノを捨てて新しいモノを取り入れることが進歩であるかのように思ってしまったことが問題なのだ。

ドイツでは、第二次世界大戦で壊滅した市街地を、それ以前の姿とそっくりに再現した街が数多くあるが、そこには単なるノスタルジーではなく、自分たちの街に対する心からの愛着と、それに応えるだけの長期的な展望に基づいた都市計画の理念が存在していたからに他ならない。

地域に馴染む景観をつくり育てていくためには、伝統の中に息づく普遍性を継承しながらも、新しい時代の要求に対応できる環境へとさり気なく変化させていく姿勢が必要である。

新しいモノをその環境に馴染ませるために、私は以下に述べるような五つの原則を適用して考えるようにしている。

◇**馴染みのフォルムを考える**

傾斜屋根の建物群の中で、箱形やドーム形の建築は馴染みにくい。できれば、その地域の特徴的なフォルム（形態）を基本にしてデザインすることが望ましい。

岐阜県の飛騨地方は合掌造りの民家で知られているが、新しくつくられる公共施設や観光施設などにも、かなり急勾配の屋根をもった形態を取り入れて、景観的な調和を図っている。

また、南イタリアのアルベロベッロという町は、その地方で採れる平板状の石材を積み上げた「トゥルッリ」と呼ばれるトンガリ帽子形の屋根が建ち並び、それは非常に個性的で見事な景観になっている（図1・8）。

図1・8　アルベロベッロにおける馴染みのフォルム

◇馴染みのカラーを考える

　街並みの視覚的な印象にとって、建築物や構造物などの色彩が与える影響は大きい。

　以前に「街の色研究会・京都」というグループが行ったアンケート調査によると、京都にふさわしい色は黒い日本瓦にマッチすることが目安であり、黄色やオレンジ色などの突出色は似合わないという結果になっている。

　モロッコのカサブランカという町は、まさにその名前のとおり「白い家」が建ち並び、日干し煉瓦の建築が建ち並ぶマラケシュは「赤い町」と呼ばれているが、そのような街を訪れた時の印象はいつまでたっても鮮明に残っている。

なにも、街中をすべて同一色で統一すればいいというわけではないが、何らかのテーマカラーを設定して調和を図る方法もある。

◇馴染みのマテリアルを考える
　木造建築の中でコンクリートや金属の材料は違和感があり、緑豊かな林間遊歩道がタイル舗装ではしっくりこない。それぞれの場所には、そこにふさわしいマテリアル（素材）があり、その素材感がまたその場所のアイデンティティを感じさせてくれる。
　特に植物は生き物であるから、無理にその地域に馴染まないものを使うことはできるだけ避けるべきであろう。最近は大きな建築のアトリウムと呼ばれる内部空間に、本物と見分けのつかない樹木を植えているところがあるが、なにもそこまでしなくてもいいのではないだろうか。
　必ずしも自然素材のものが絶対というわけではないが、その場所や地域にふさわしい素材を活かすことによって地域アイデンティティを際立たせることができるし、維持管理のコストも少なくてすむ。

◇馴染みのスケールを考える
　二階建ての住宅地の中に突然RC（鉄筋コンクリート）造五階建てのマンションが建てば当然違和感がある。建築や構造物のスケール（規模）は、その周辺にあるものとあまり極端に違わない方が馴染みやすいが、やむをえない場合には、できるだけ近隣の建物などとのスケールバランスを考えて、適当な単位に分割する「分節化」という手法を取り入れるとよい。
　「分節化」の手法を適用する際には、その地域に定着しているモジュールを当てはめると馴染みやすくなる。街並み景観づくりの上で、大きな壁面の建物を考える際に、近隣の建物の標準的な、間口や軒高の

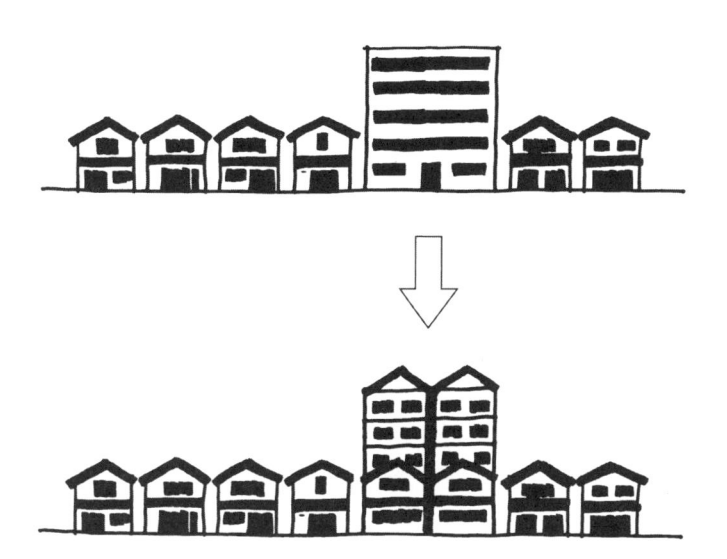

図1・9　分節化

モジュールを導入して分節化を図る方法がある（図1・9）。
　また、長い直線の歩道や、舗装された広大な広場などに、ある一定のピッチでストライプやグリッドのパターンをデザインするのも、単調さを防ぐための分節化の手法である。

◇**馴染みのモジュールを考える**
　「モジュール」とは「原単位」という意味で、日本での典型的な例としては畳のサイズがある。横×縦の寸法が、約90センチ×180センチで、昔の単位でいうと3尺×6尺となり、これを私たちは「サブロクのモジュール」と呼んでいる。また、6尺の長さを別な単位では1間（けん）といい、1間×1間の面積を1坪という。そんなことは常識だという人は問題ないが、いまどきの建築学科の学生でも、この常識をちゃんと

言えない人がいるので驚いてしまう。それでは、1坪は何畳でしょう？　また、6畳間は何坪でしょうか？

　ついでに、人体各部のモデュールについて触れておこう。自分の身体の各部の寸法を知っておくと便利なことがある。手の平をいっぱいに広げて、親指の先から小指の先までの長さは？　両手を左右に水平に広げた時の指先から指先までの幅は？　片手をまっすぐに上に伸ばしたときに床からその手の指先までの高さは？　普通に歩いているときの歩幅は？

　ちなみに、自分の標準歩幅を覚えておくと、道路幅とか、敷地の一辺をその歩幅×歩数で割り出すことができる。

　また、歩車道境界ブロック1個の長さは60センチで、歩道平板などには30センチのモデュールが使われていることが多いので、その枚数を数えれば、かなり正確な長さを計ることもできる。

　このように、さまざまなモデュールを知っていると、物差しや巻尺を持っていなくても、いろいろな寸法を計る場合に大いに役立つ（図1・10）。

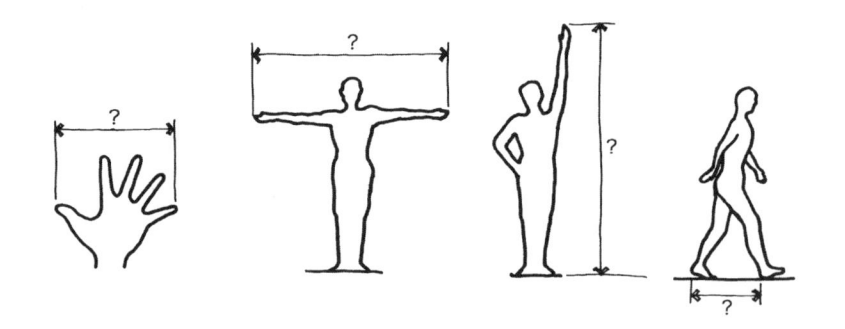

図1・10　人体のモデュール

1・5
実際の仕事

　ランドスケープデザインの領域というものは、曖昧で、線引きが難しく、人によっては、それは都市デザインだ、いや土木だ、造園だと面倒な話しになるので、実際に私がこれまでに関わってきた仕事を紹介する方がわかりやすいだろう。これらがランドスケープデザインのすべてかと言われれば、ちょっと困るが、そう大きくはずれてはいないと思う。

◇家の周りの設計（図1・11）
　建築設計事務所やハウスメーカーの依頼で、住宅の周囲を設計する。

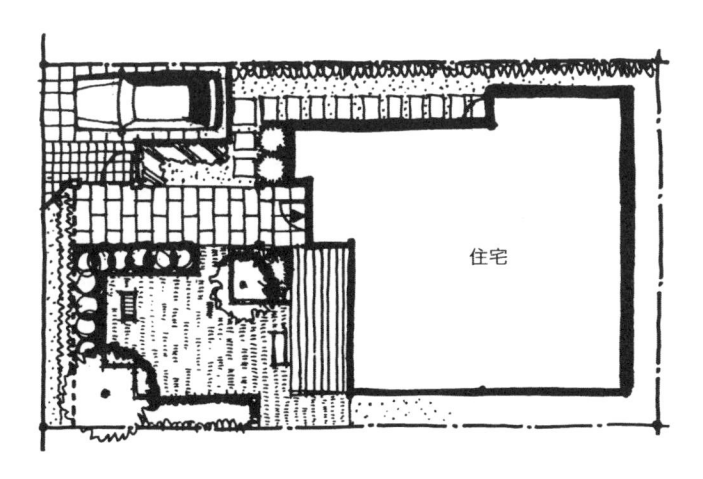

図1・11　住宅外構

これを専門的には、住宅外構設計というが、具体的には、門、塀や生け垣、カーポート、門から玄関までのアプローチ、そして庭とその植栽（草木を植えること）などの設計であるが、常に、その地域の歴史や周辺の街並みとの調和を念頭において計画する。

また、近ごろはガーデニングに対する一般の人々の関心が高まり、園芸に対する知識も求められるようになってきた。

◇**ビル周りのオープンスペース**（図1・12）

高層ビルの周辺には、都市計画法に従って、「公開空地」と呼ばれるオープンスペースを設けることになっている。大都市の高層ビルの周りには、たいていきれいに植栽された緑地や、舗装広場などがあって、ちょっとした憩いの空間になっているが、あのような空間の設計は、ランドスケープデザイナーの仕事である。

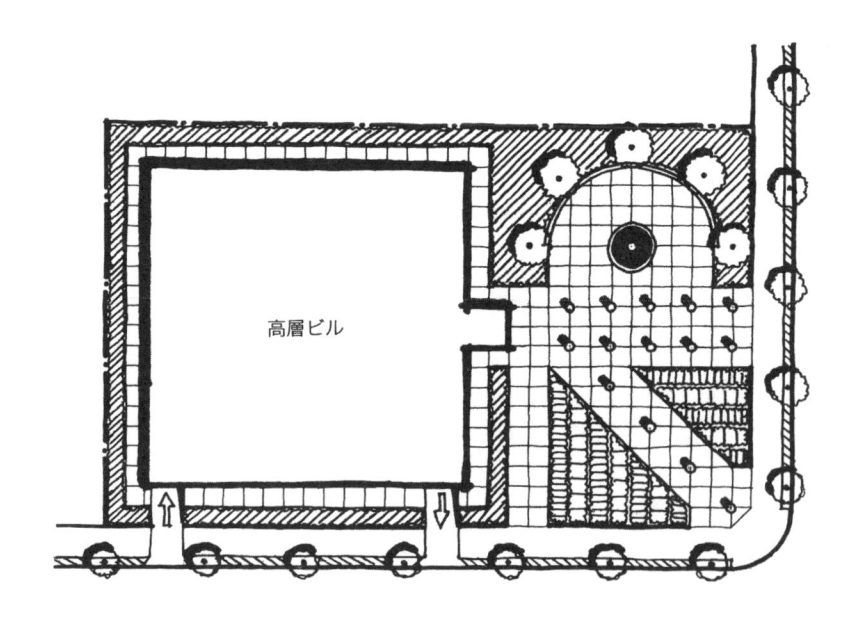

図1・12　公開空地

「公開空地」は、そのビルの所有者などの土地であるが、原則として、24時間一般に解放される空間であり、都市空間に憩いの場を提供するとともに、防災機能も併せ持つものである。

設計にあたっては、維持管理の問題や、夜間の防犯問題などにも十分な配慮が求められる。

また、ビルのエントランスホールとの動線計画や内部空間との連係を図るために、その建築の設計者との協議や、空間の芸術性を高める目的で、環境芸術家たちとのコラボレーションが必要になる機会も多いので、そちらの方面に関する知識や造詣も求められる。

◇**住宅団地の計画や設計**（図1・13）

住宅団地の計画では、まず、その計画地のさまざまな環境を読みとることから始まる。地形、気象、植生（植物の種類や生育状況）、野生動物、地質や土壌、水系と水質、景観など、必要に応じて専門家の協力も得る。

最初のイメージをまとめたマスタープランという基本計画図を作り、

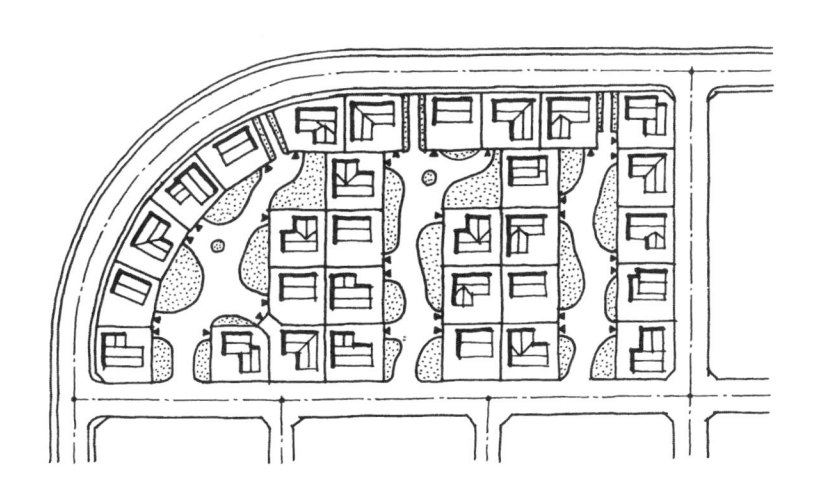

図1・13　コモン型住宅地

それに基づいて土地を削ったり盛ったりする造成計画を検討する。できる限り、原地形の改変を少なくすることによって、工事費の削減や、自然環境への影響を抑制することが大切だ。

　宅地や公共施設などの建築用地以外に、公園や広場などのいわゆるオープンスペースを有機的かつ機能的に配置した土地利用計画を検討する。

　現在でも、宅地開発といえば、できるだけ多くの有効宅地を生み出そうとするあまり、原地形を階段状に造成したり、いわゆるハーモニカ型と呼ばれる整形街区割りが多くみられるが、敷地の状況に合わせた区画割りや、区画街路と公共用地をミックスしたコモンスペースという共有空間を上手に取り入れたコモン型住宅地という形態も増えている。

◇市街地街路の景観設計（図1・14）

　商店街などの道路空間を快適なショッピング環境に改修するための舗装やアーケード、街灯のデザインや、ベンチ、車止め、プランターなどのデザインや配置を計画する。さらには、店舗のファサード（道

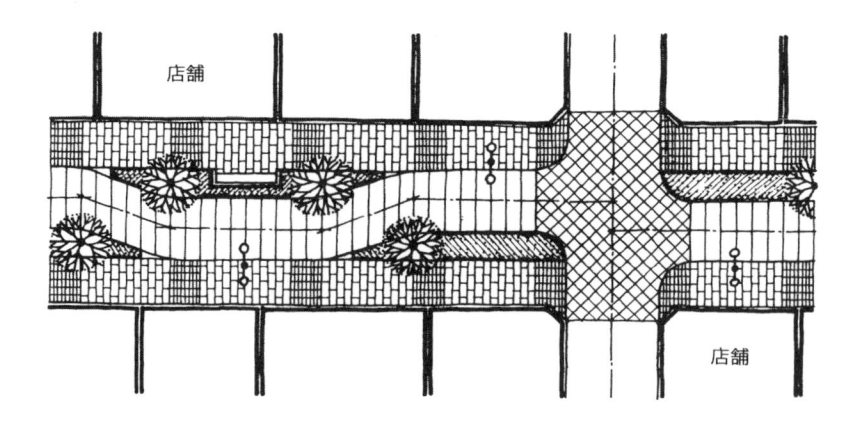

図1・14　歩車共存型ショッピングモール

路に面した壁面や開口部）の設計やデザイン・アドバイスを頼まれることもある。近年は電線の地下埋設を進めるケースも多いので、表面上のデザインだけでなく、道路の地下に通っている上下水道やガス管などに対する配慮も欠かせない。

　この仕事では、役所や商店会の人たちと、夜遅くまで協議を続けることが多い。さらに、交通管理者と呼ばれる警察の担当者や、水道局、電力会社、ガス会社、NTTなどの担当窓口との協議や調整も大切な役割である。

◇駅前広場の設計　（図1・15）
　駅前広場においては、まず、人と車の安全で快適な動線計画が最も大切な課題となるため、広場のデザイン以前に土木的な交通工学の知識が必要になる。新設の駅前広場計画は比較的少なく、ほとんどは改修計画であるが、いずれも、駅舎そのものは鉄道会社が設計すること

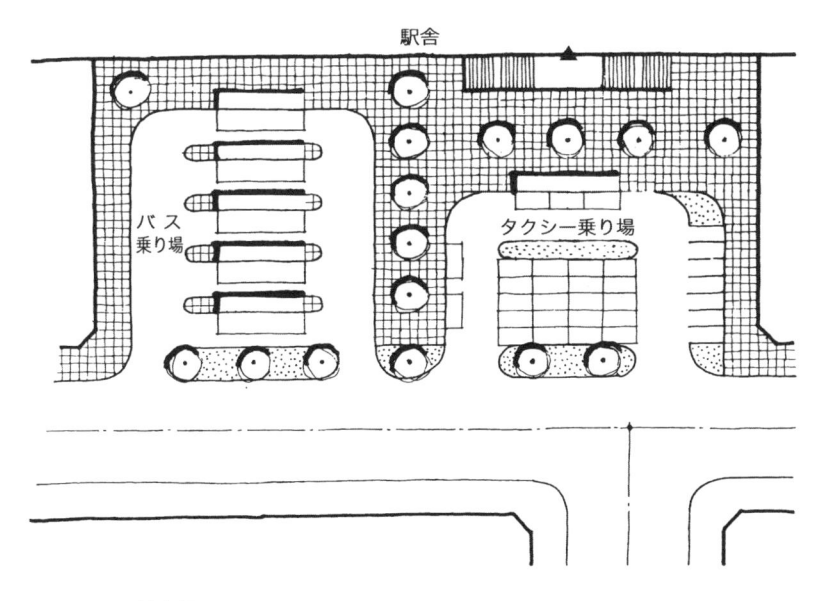

図1・15　駅前広場

になり、ランドスケープデザイナーの役割としては、広場や周辺の街並み景観との調和を前提にした外観デザインの提案が主になる。

大規模なものになると、バスやタクシー乗り場の施設や、案内板、あるいはロータリー内のモニュメントなど、いろいろな施設のデザインを担当することもある。

さらに、周囲のビルのファサード・デザインに対する提案も含めて個性のある空間づくりが求められる。

◇**公園設計**（図 1・16）

公園といえば、だいたいはわかると思うが、市街地内にある 50 メートル四方の街区公園から、近隣公園、地区公園、運動公園、総合公園、さらに何百ヘクタールという規模の国営公園まである。

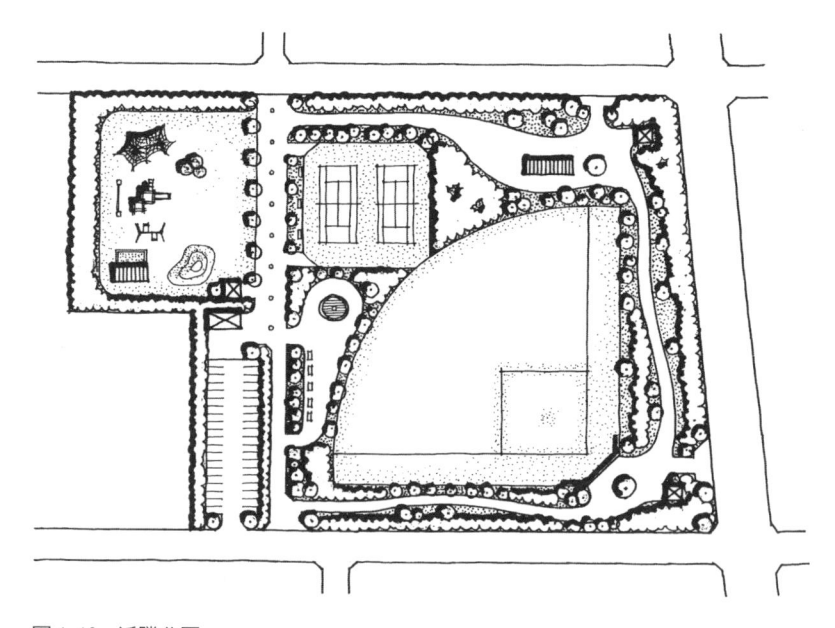

図 1・16　近隣公園

一般の都市計画公園の設計は都道府県や市町村の発注であるが、国営公園だけは国土交通省（旧建設省）の発注になる。国営公園は、現在建設中のものを含めて、全国に16箇所あり、わが国の主だったランドスケープコンサルタントが設計能力を競う場となっている。また、その面積も広大であるため、一つの公園でもいくつかのゾーンに分けられて、多くのランドスケープコンサルタントが設計を分担する。

　その中には、大規模な土木構造物や建築物も含まれるので、土木系の総合コンサルタントや建築設計事務所の参加も多い。したがって、その設計には、小規模な公園設計のノウハウだけでなく、都市デザイン的な知識や経験が求められる。

◇水辺環境整備計画（図1・17）
　水辺といえば、海岸や湖岸、そして河川沿いなどを指すが、最近までは、それぞれの専門の土木コンサルタントが設計を担当していた。しかし、近年、自然環境の保全と景観に対する世論の高まりに伴って、

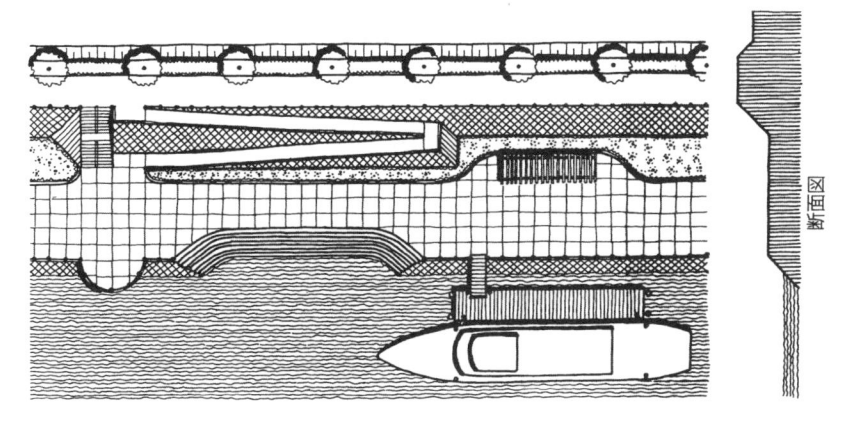

図1・17　親水護岸

より自然に近い形の護岸整備や、水辺を快適なレクリエーション空間として積極的に活用する親水護岸の整備が求められるようになり、そこにランドスケープデザイナーが参加する機会が多くなっている。

しかし、海岸や河川の護岸は防災上の強度の維持が必須であるため、護岸の本体や堤体は専門の土木技術者が設計することになり、ランドスケープデザイナーは、彼らとのコラボレーションによって、より快適な環境となるようにデザイン提案を行う。

◇テーマパーク計画（図 1・18）

ディズニーランドに代表されるような大規模なテーマパークと呼ばれるものが、全国各地に出現しているが、その中のさまざまな施設は別として、全体的な空間の計画はランドスケープデザイナーの活躍の場である。

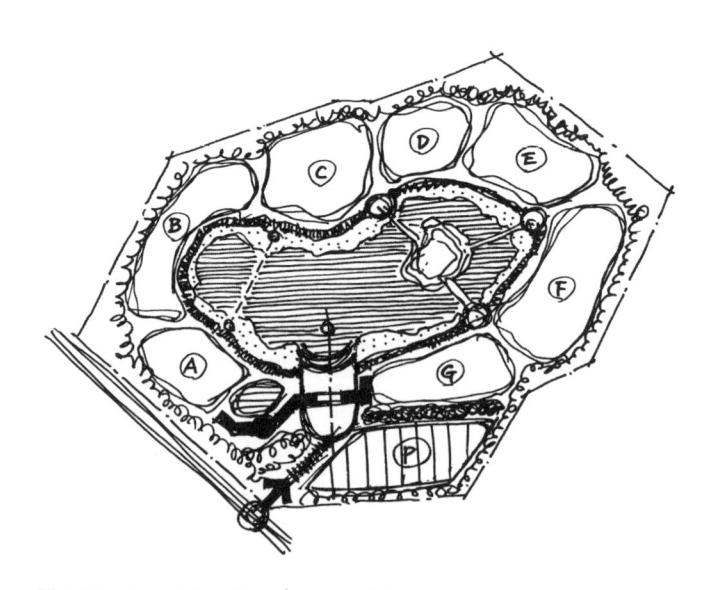

図 1・18　テーマパークのゾーニング図

◇リゾート開発計画（図1·19）

　1987年に制定された「総合保養地域整備法」いわゆる「リゾート法」に則って、各地でさまざまなリゾート開発の計画が立ち上げられたが、バブル経済が崩壊した今となってみれば、無残な結果となっているケースが多い。

　「リゾート（resort）」は「観光地」や「保養地」などの意味で理解されているが、本来は、「行きつけの場所」や「馴染みの場所」というような意味であり、より楽しくリフレッシュできるリゾートに対するニーズ（需要）は決してなくなったわけではなく、これからも、われわれランドスケープデザイナーの出番は期待される。

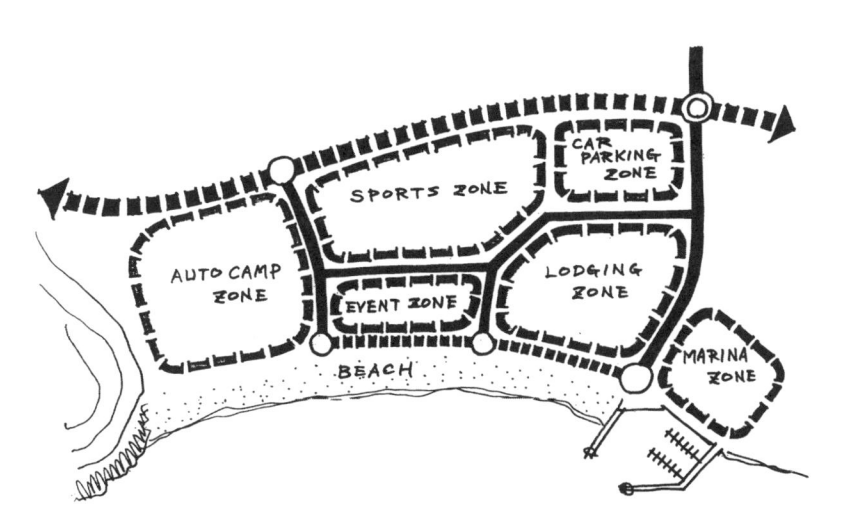

図1·19　リゾート地のシステム図

▲ /break\ 自分は何が専門か？

　私は、よく「あなたは何が専門ですか？」と質問を受けますが、「ランドスケープデザインです」と答えて、すぐ理解を得られることは、これまでほとんどありません。

　事務所を開設した当初、私の友人から、庭の仕事を頼みたいという人を紹介され、庭の設計かな？　と期待して行ったところ、庭木の剪定（枝切り）でした。

　このように、事務所名にある「造景」を「造園」と混同されることは、しょっちゅうあります。

　また、私は「一級建築士」の資格も持っているので、名刺にそう書いていますが、たまに、住宅団地の植栽施工現場などでその名刺を出すと、「建築屋さん？」と言われて、植木のことなんかわからないだろうと、あなどられることもありました。

　ランドスケープデザイナーという自分の専門や職域を相手に理解してもらうことは、まったく難しいものです。

2章
デザイン表現の基本

2・1 スケッチを描く
2・2 スケール感覚を磨く
2・3 エスキスを重ねる
2・4 イメージプランの表現
2・5 模型による検討
2・6 パースによる検討

2章 デザイン表現の基本

　この章で述べる表現の基本は、ランドスケープデザインに限らず、空間を設計する仕事をしたいと思う人には、役に立つ内容です。スポーツに例えると、基礎的なトレーニングということもできます。

　近ごろはパソコンの普及で、最初からキーボードとマウスを使いはじめる傾向が強くなりましたが、1本の線でも、パソコンの中で引くのと、実際に自分の手に持ったペンで引くのとでは、大きな違いがあります。

　パソコンは表現するための道具としては、非常に有効ですが、あくまでも、バーチャル（仮想空間）であるため、スケール感覚を磨くには、不向きと言えます。

　素晴らしいアイディアを発想するためにも、ここでの基礎を十分身につけてください。

2・1 スケッチを描く

　アイデアというものは、空っぽの頭の中からは生まれてこないし、いい考えが浮かんだとしても、それを表現する技術がなければ、他人に伝えることもできない。

　ここでは、基本的な表現の手法を述べるが、デザインを志す人は、その前にぜひスケッチの勉強をしてもらいたい。わかりやすく言えば、写生画のことである。美術系大学の入試にはデッサンの試験が付き物で、受験生は高校在学中から勉強するが、工学系や農学系の入試にはこれがないため、この基礎技術をもっていない人が多い。写生ということは、現実に存在しているものを見て、それを描くことであり、見えているものを正しく描けなければ、頭の中に浮かんだアイデアを描くことなどもっと不可能ということになる。何もプロの絵描きになろうとするわけではないので、そんなに上手に描けなくても、正しく表現する技術が必要なのだ。

　どこかに見学や視察に行ったとき、写真を撮ることが多いと思う。確かに写真は記録としては役に立つが、記憶という点では問題が残る。私も海外視察などでたくさんの写真を撮ってくるが、私の記憶力の問題かもしれないが、後になって思い出せないカットがかなりある。しかし、自分でスケッチした風景は何年たっても実に鮮明に覚えているものだ。スケッチをするということは、ただ見るだけではなく、深く観察し記憶することにも役立っている（図2・1）。

図2・1 風景のスケッチ 上：著者がデザインした橋（千葉県松戸市）、下：著者が設計した公園（東京都品川区）

2・2 スケール感覚を磨く

　空間を設計する人間にとってスケール感覚は最も重要な要素である。図面はたいてい縮尺で描かれるもので、実際の空間を、100分の1や500分の1などに縮小して表現することになる。逆に言えば、1/100の縮尺図面に描かれる空間が、実際に100倍になったときの空間認識ができなければ設計者としては失格ということになる。

　ランドスケープデザインでは、かなり広大な面積を対象とすることもあるので、スケール感覚と同様に、方向感覚や時間感覚も必要となる。例えば、不動産広告などで「○○駅から徒歩10分」などと書かれているのはどの方向にどのくらいの道のりか、また、今植えた樹木が5年後にどんな姿になっているか、などの想像力といってもいい。

　最寄りの駅やバス停から自分の家までの道順を地図に表現してみると、人によってかなり個性があらわれる。道順だけでなく、距離感まで正確な地図はかなり少ないし、ほとんどは駅が紙の上の方に描かれている。これでは、訪ねて行く人はその地図を逆さに見なければならないことになり、相手の立場になって考えることが欠けているといえる。

　スケール感覚のトレーニングには、自分やたいていの人が知っているモノの大きさ（モデュール）を頭に描くようにするとよい。よくニュースなどで、「東京ドーム3個分の広さ」とか「富士山の2倍の高さ」などと言っているのはこれに当たる。もっと身近な空間モデュールと

しては、普通乗用車の標準駐車区画は、1台分が2.5×5メートルで、つまり、5×5メートルは車2台分の駐車スペースだとか、テニスコートを横に2面配置するには約40メートル四方の広さが必要だというふうに記憶するとよい。

　実際に設計を進める上で、対象となる敷地がどの程度の広さかということを把握するために、いくつかの類似施設の図面を同じ縮尺で並べて比較する方法をとることも多い。これを相似比較という。

　いずれにしても、日常生活の中でもいろいろな機会に、できるだけ多くの空間モジュールを頭に入れるよう意識してもらいたい。そのことの積み重ねが、スケール感覚を磨く訓練になる（図2・2）。

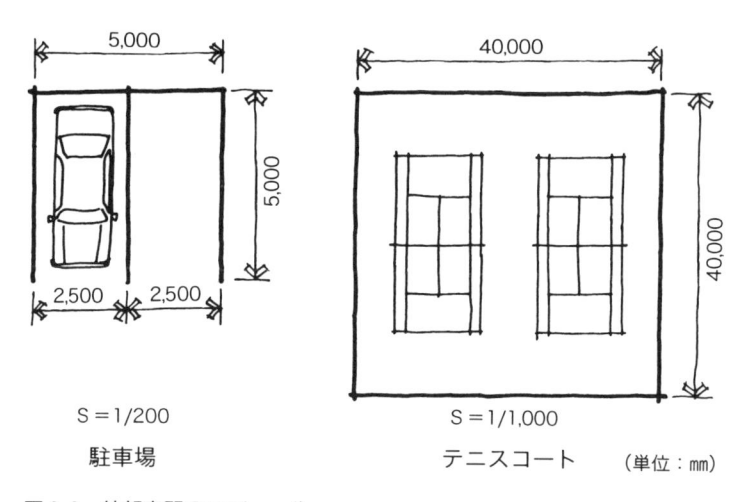

図2・2　外部空間のモデュール

2・3
エスキスを重ねる

「エスキス（esquisse）」とは、あまり耳慣れないかもしれないが、フランス語で「下絵」や「下描き」という意味であり、私たちも実際に設計図を描く前に何度も何度もエスキスを繰り返す。

最近では、コンピュータが普及したため、最初からキーボードやマウスで取りかかる人も多くなったが、私は、エスキスの段階は、フリーハンド（手で描くこと）で繰り返すことを奨めたい。特にランドスケープデザインの場合には建築設計に比べて直線や明確な輪郭線を使わないケースが多いので、コンピュータの線に頼ってしまうことは避けたほうがよいと考えるからである。

私はパソコン（パーソナル・コンピュータの略）というモノを嫌ったり否定するわけではないが、やはりエスキスの基本は自分の目と手とそして鉛筆だと思う。しっかりしたエスキスができれば、そのあとでパソコンを有効なツール（道具）として駆使すればよい。

エスキスの段階では青鉛筆を使うことをお奨めする。単純な理由だが、紙や手の汚れ方が少ないからだ。また、その上で修正を加える場合には赤鉛筆を使用し、最終段階になったら黒鉛筆でしっかり描くと、青鉛筆の線は比較的コピーに写りにくいので、ほとんど消しゴムを使うことなくエスキスを進めることができる。

線描きができたら、コピーをとってその上に色鉛筆で着彩すると、さらにイメージがよくわかる。トレペ（トレーシングペーパーの略）

でエスキスをしている場合には、その裏から着彩すると、表面の線画がこすれたり汚れたりせず、ソフトな感じに仕上げることもできる。

エスキスに使う用紙は無地でもよいが、慣れないうちは、5ミリか10ミリの方眼紙を使うとやりやすい。方眼紙を使わなくても、直線は直線に、円は真円に描けるように慣らしてほしい。

ちなみに、円をフリーハンドで描くとき、まず描きたい円の直径を一辺とした正方形を描き、その中に十字形を描いて田の字をつくり、それに内接するように円を描くと、ほぼ正確なものになる。

また、緩い曲線を描く場合には、まず直線でおよその中心線を描き、その「くの字」部分に接する円弧を描くとスムースで美しい曲線になる（図2・3）。

いずれにしても、曲線をいきなり描くよりは、直線の繰り返しによって徐々に曲線にしていく方法を覚えるとよい。例えば、漢字に、楷書、行書、草書というくずし方の段階があるが、下手な人がくずした字は美しくないし、読みにくいものだ。エスキスもこれと同じく、最初はきちんとした形をとりながら、段々くずしていくことが大切である。私は、これを「くずしの技法」と呼んでいる。

また、エスキスはデッサンの要領で進めることが大切だ。石膏デッサンは、モデルとする石膏像を見ながら、鉛筆か木炭を使って描く練習であるが、いきなり目や耳といった部分から描き始めるのではなく、まず、用紙の上に全体の構図を割り付け、中心線や外郭線を描きながら徐々に全体を細かく描き進む（図2・4）。

ランドスケープデザインでも、このように、細部から考えるのではなく、全体から部分へと進めるエスキスの方法を身につける訓練をしてほしい。

(円の直径)
a

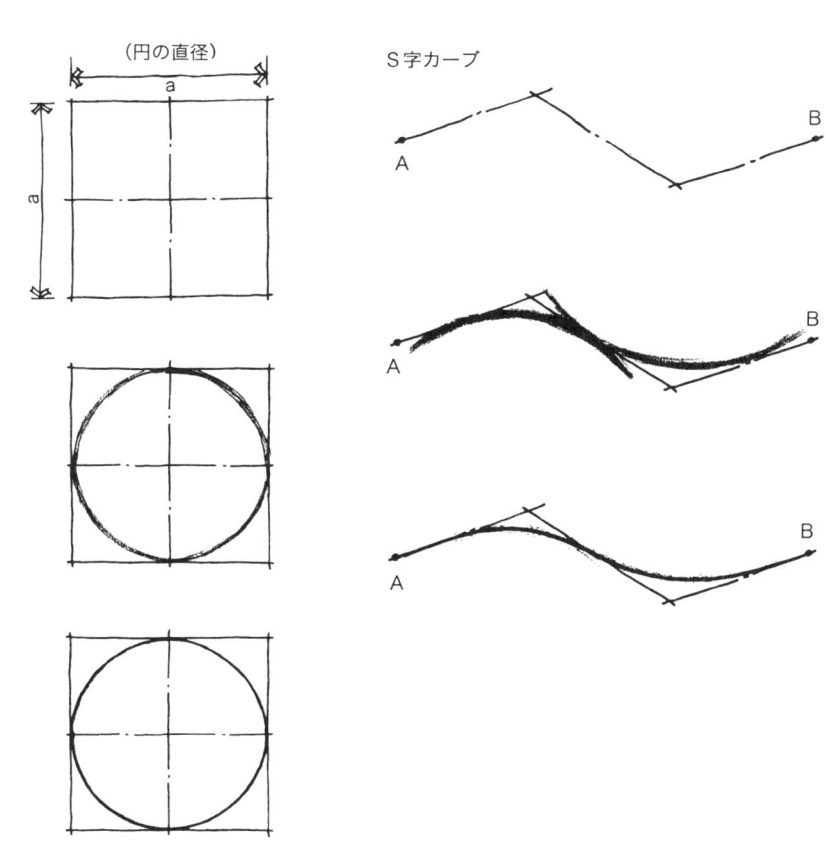

S字カーブ

図2・3　円、曲線の描き方

2・3　エスキスを重ねる

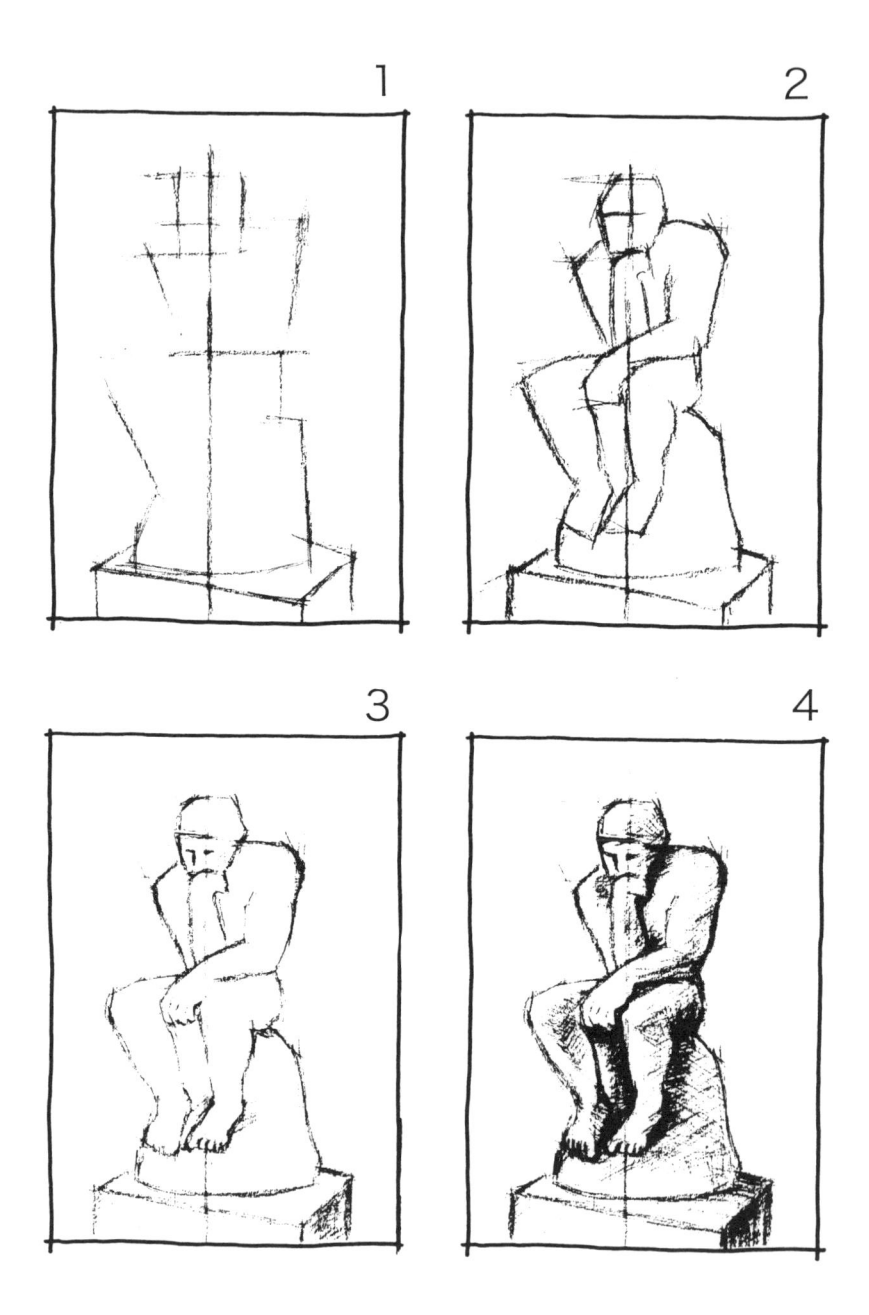

図2・4 デッサン

2・4 イメージプランの表現

　エスキスがある程度まとまったら、図面表現に入る。といっても、いきなり定規を使って製図をするのではなく、フリーハンドで「イメージプラン」として表現する（図2・5）。

　エスキス図の上に新しいトレペを重ねて、製図用ペンで線画を描く。製図用ペンとしては、「ロットリング」という製品がプロ用として知名度が高いが、イメージプランの段階では「ピグマ」あるいは「ピグメントライナー」という名の、いわゆるサインペン型のものが、極細0.05ミリから0.1ミリ単位でペン先の太さが揃っていて使いやすい。

　立体的な施設などの輪郭線は太めのペンで、舗装や用地の境界線は中間の太さで、舗装パターンや芝生などの表現には細めのペンというように使い分けるとメリハリの効いた図になる。

　さらに、立体的な施設や高木の北側に当たる部分の線を太くしたり、影をつけると、より立体的なイメージになる。ついでに触れておくが、通常、太陽による日影は物体の北側にできると思われているが、南半球の国では逆になるので、オーストラリアやアフリカでのプロジェクトの場合には気をつける必要がある。

　タイルやブロックによる舗装を縮尺図で表現する場合、実際のタイル寸法で描くと細かすぎるため、何枚かをまとめた寸法を設定するとよい。また、設計図では、タイルパターンなどを部分的に描いて後を省略する描き方があるが、イメージプランでは、全域をくまなく表現

①地割り

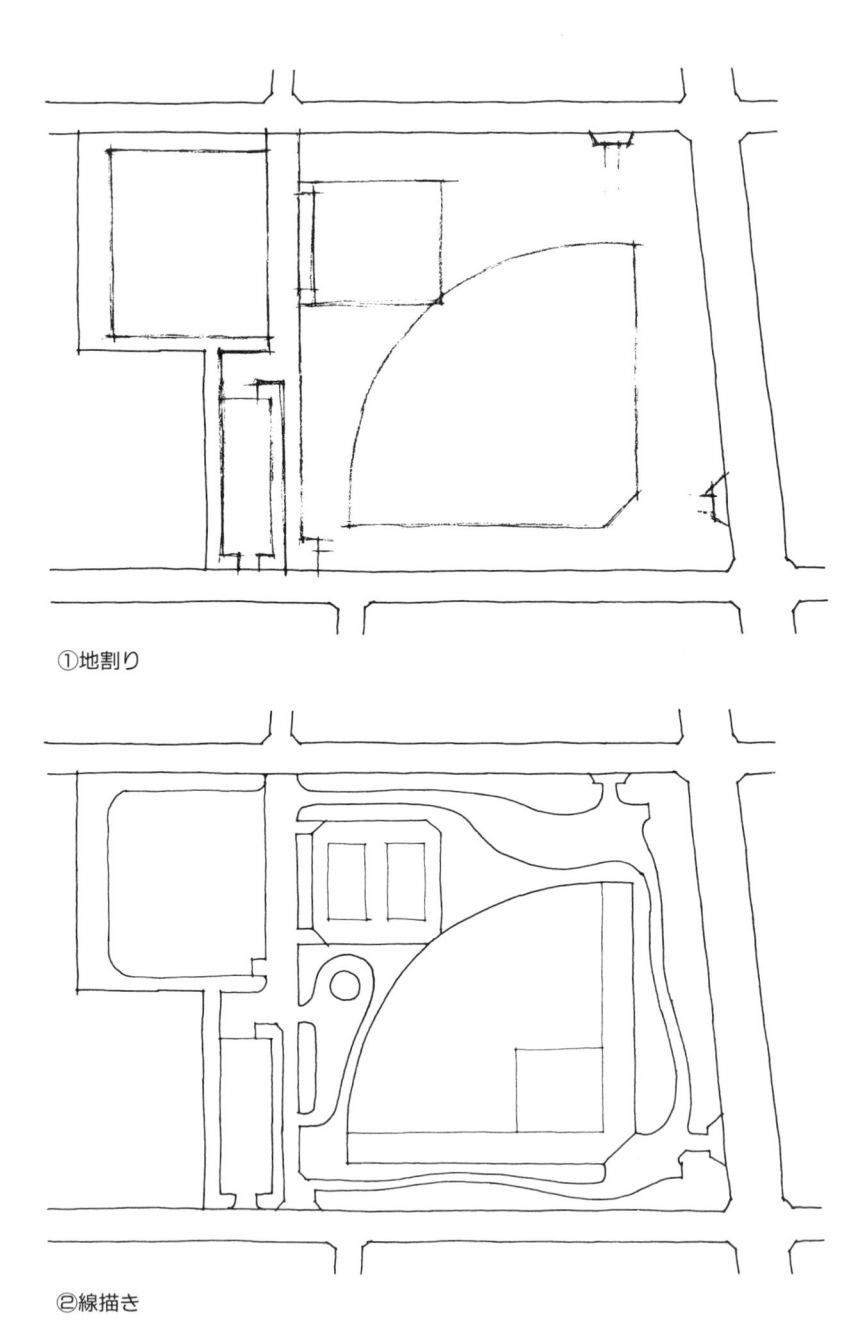

②線描き

図2・5 イメージプランの描き方

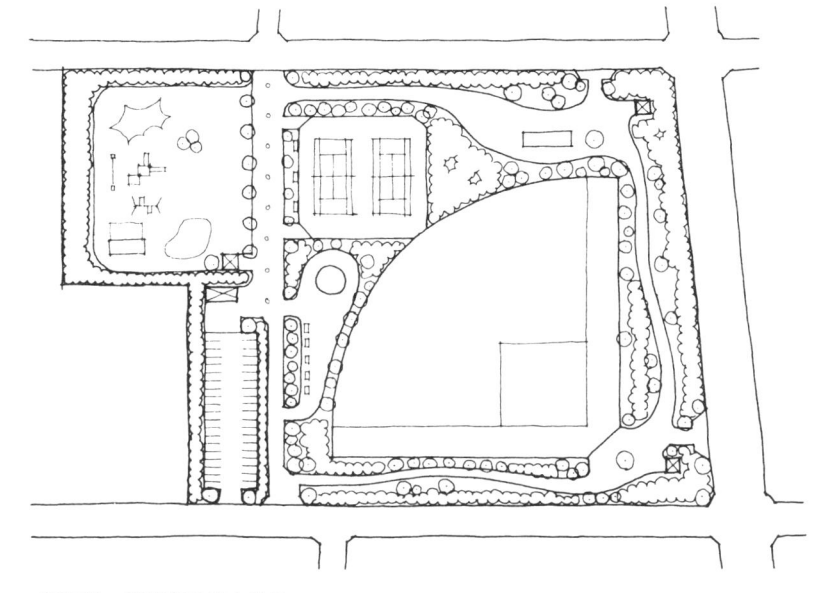

③施設、植栽等の描き込み

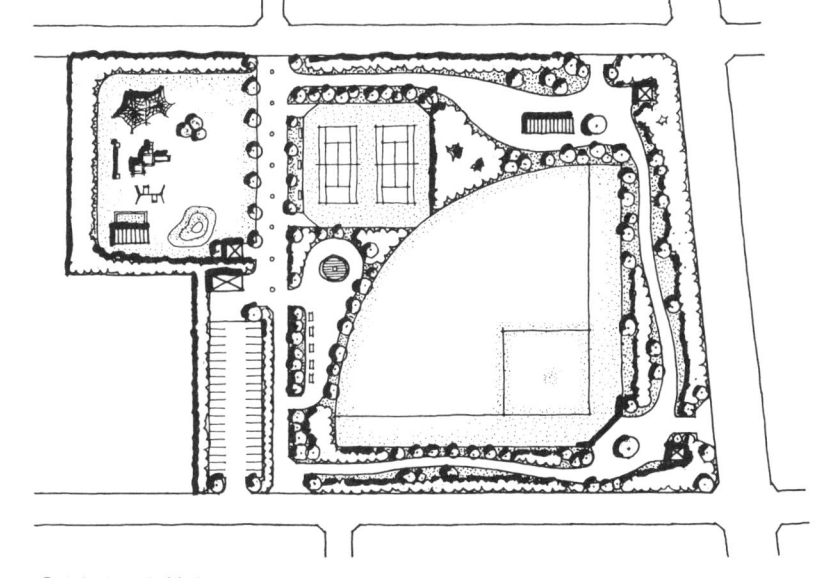

④点打ち、影付け

2・4 イメージプランの表現

しないと、イメージが正しく伝わらないこともあるので好ましくない。

線画ができたら、コピーをとって色鉛筆などで薄く着彩すると、さらにリアリティのある図になる。

スキャナーでパソコンに取り込んで、カラーツールを使って着色する方法もある。この場合には、取り込んだ線画にじかに着色しないで、複製をとってそれに着色すれば、失敗しても原画を消さずに修正することができる。

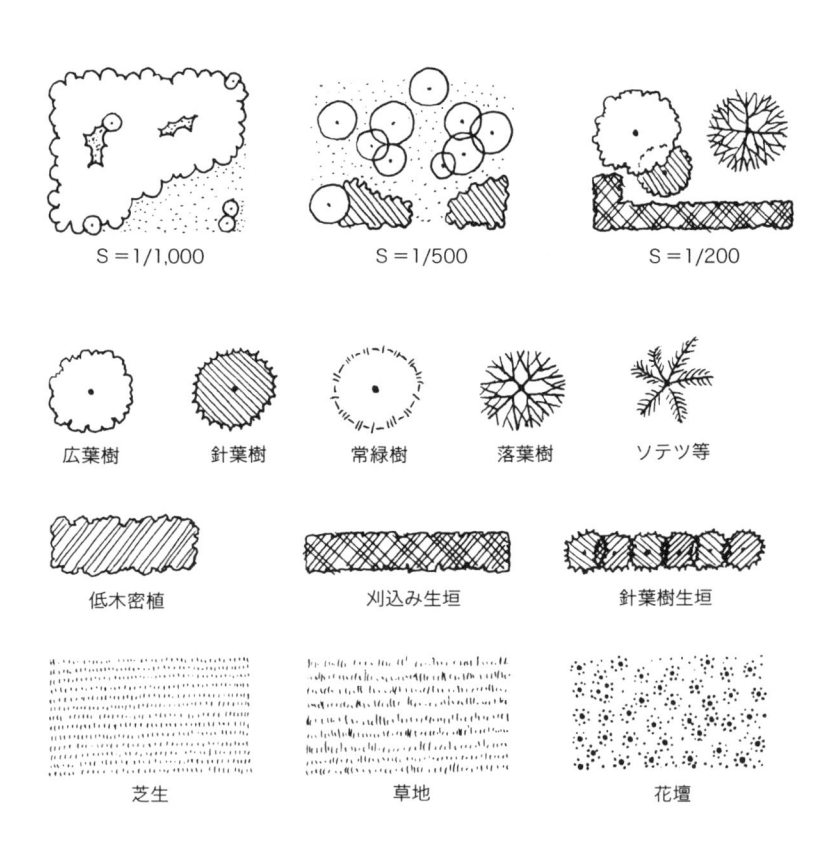

S＝1/1,000　　S＝1/500　　S＝1/200

広葉樹　　針葉樹　　常緑樹　　落葉樹　　ソテツ等

低木密植　　刈込み生垣　　針葉樹生垣

芝生　　草地　　花壇

図2・6　植栽の表現例（必ずしも決まりではない）

2・5
模型による検討

　模型には、完成模型と検討模型がある。一般の人が目にするのは、たいてい完成模型で、非常に細かくリアルにつくられていて感心することもあるだろうが、計画の途中段階でつくる検討模型はあのようにリアルなものは必要ない。

　ランドスケープデザインでは複雑な地形を扱うこともあるので、まず、現況の地形模型をつくって状況を把握し、造成計画の検討に使用することが多い（図2・7）。

　地形模型の材料としては、「スチレンペーパー」というものが適している。これは発泡スチロールでできた白い厚紙のようなもので、仕出し弁当の容器などに、これを成形してつくられたものが使われている。両面に紙を張ったものもあるが、それは「スチレンボード」と呼ばれ、やや硬くて、建築模型のような箱物をつくるには適しているが、地形模型には向かないので間違えないように。スチレンペーパーの厚さは0.5ミリから、1.0、2.0、3.0、4.0、5.0ミリとあり、コンター・ライン（等高線）の間隔に合わせて選ぶ。例えば、1メートル・コンターを縮尺1/1,000でつくる場合は、1.0ミリ厚のスチレンペーパーを使用することになり、縮尺1/500でつくる場合には2.0ミリ厚のものを使う。

　地形模型をつくるには、まずコンター図という図面が必要である。これは、必要なコンター・ラインを表わした図のことで、地形測量図などがそれである。現地の測量図が手に入らない場合には、市役所の

都市計画課などに行って、都市計画の白図（たいていは縮尺 1/2,500）というものを手に入れ、対象地区のコンターをトレース（写図）してつくる。非常に広範囲の場合には、国土地理院が作成した縮尺 1/25,000 の地形図を使うこともある。この地図は比較的大きな書店の地図売り場で購入することができる。

　さて、必要なコンター図が準備できたら、それをトレペにトレースする。そのまま使用してもかまわないが、模型制作の後は、図面として使えなくなるので、もったいないからだ。

　コンター図をスチレンペーパーの上に重ねて、ズレないように粘着テープか重しで仮止めする。次に 0.3 ミリのシャープペンシルの芯をちょっと出して、コンター・ラインに沿って 1 ミリほど外側（傾斜の下側）を約 5 ミリ間隔で穴を開けていく（マーキング）。

　一つのコンターの一周をマーキングし終わったら、トレペを剥がすと、スチレンペーパーに点々と印が付いているだろう。

　今度は、その点々に沿って 1 ミリほど内側をカッターナイフで切っていく。カッターナイフの刃は、30 度の鋭角のものが使いやすく、切るときに、刃の角度を少しコンターの内側に傾けるようにすると、切り取った面に角度がついて、後で重ねたときにやわらかい仕上がりになる。

　スチレンペーパーを切る専用のニクロム線カッターという器具も市販されているが、高価なものであるし、このような斜め切りはできないので、自分の手でカッターナイフを使って切る練習をするとよい。

　コンター・ラインのカットは一番低いコンターから順に上に進める。切り取られたコンターのスチレンペーパーは上になるほど小さくなるはずだ。これを下から順に重ねて張り合わせるのであるが、その前にベースとなるパネルをつくる。

　パネルは市販のベニヤパネルでもよいが、小さいものであれば、厚

①コンター図（トレペ）

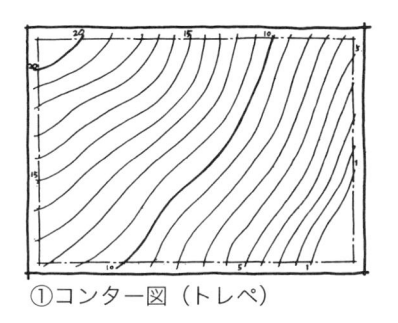

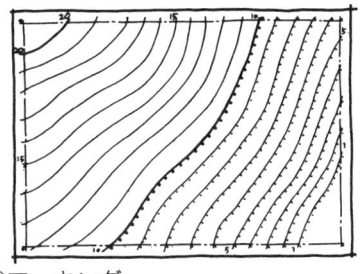

②マーキング
（左側上下のコーナー部を忘れないこと）

③スチレンペーパーのカット
← 直線部は定規を当ててカット

④カットされたコンターの中抜き
中抜き
上にくるコンターからはみ出ないように

⑤カットされたコンターの貼り合わせ

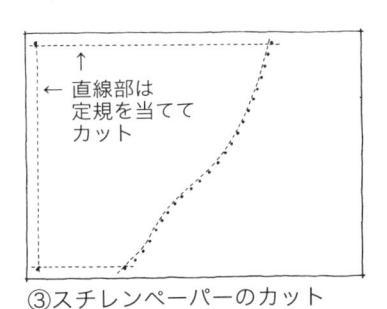

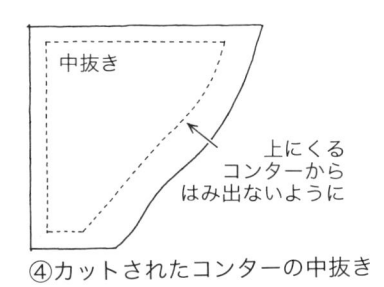

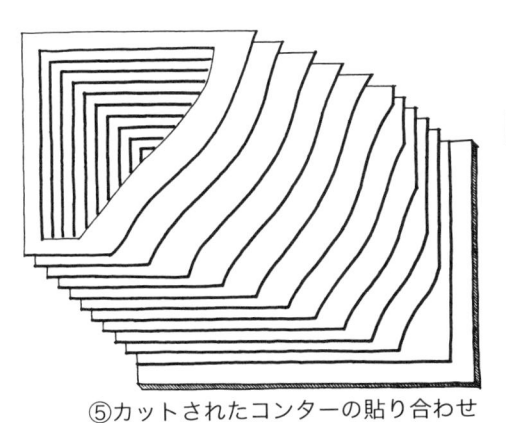

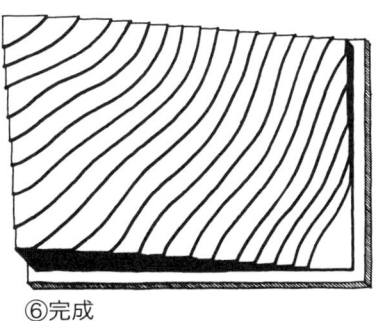

⑥完成

図2・7　八木式地形模型のつくり方

めのスチレンペーパーを数枚重ねてつくることもできるし、「ハレパネ」という商品名で、片側が粘着面になっていてハードなスチレンボードが市販されているので、これを使うと軽くて丈夫なベースパネルになる。

　ベニヤパネルやハレパネをベースにする場合は、最初にその全面にコンターと同じスチレンペーパーを張る。スチレンペーパー用の接着剤は専用の「スチのり」あるいは「スチレンボンド」というものを使用する。ハレパネをベースにするときは、その粘着面に直接張ればよい。

　コンターの枚数が多い場合は、材料を節約し軽量化するために、図のように中抜きをするとよい。切り抜いたペーパーは上の方の小さいパーツに再利用できる。何枚か中抜きしたコンターを積み上げたら、その空洞に、切り取ったときの細かいピースを同じ枚数だけ重ねて詰め込んで陥没を防ぎ、その上の一枚は中抜きしないコンターを張り付けて、その上からまた数枚の中抜きコンターを積み重ね、これを繰り返す。

　このようにして、地形の模型はでき上がるが、表面に着色する場合には水性のアクリル系塗料を使う。画材店で売っているアクリル絵の具を使ってもいいが、日曜大工用品売り場で手に入る、壁用の水性ペイントというものも使える。いずれもスプレー式のものがきれいに塗れる。

　せっかくきれいにつくった模型でも、あくまでも検討用であるから、惜しみなく切ったり張ったり、ピンを刺したりテープを張ったりして有効に使ってほしい。

2・6 パースによる検討

　通称「パース」といわれているものは「パースペクティブ（perspective）」の略で「透視図」の意味であり、平面図とは違って、空間を三次元的に、つまり立体的に表現する図法である。

　最近ではコンピュータを使った3D（三次元的表現）の技法もかなり普及してきたが、できるだけフリーハンドで描く方が望ましい。性能のいいパソコンで高度なソフトを使えば、誰でもある程度の絵は描けてしまうが、そこにはまってしまうと、間違いに気づかなくなる恐れもある。卑近な例では、ワープロ（ワード・プロセッサーの略）の普及によって、手で文字を書く機会が非常に少なくなり、若い人たちが漢字を書けなくなりつつあると言われている。そして、ワープロが間違った漢字を打ち出しても、その間違いに気づかないのだ。図面やパースでも同じことが言える。

　一般にパースといわれているものにも、図法によって違いがある（図2・8）。最も簡単な図法は「アクソノメトリック（axonometric）」、略して「アクソメ」で、これは平面図を45度に傾けて、そのまま垂直に縦軸を立ち上げる図法である。

　それよりもややレベルが高いのは、「アイソメトリック（isometric）」、略して「アイソメ」で、平面図のXY軸を120度に開き、縦軸はアクソメと同様に垂直に立ち上げる。この二つは平行透視図法といって、遠近図法ではないため、人の目に映る形とは違って見

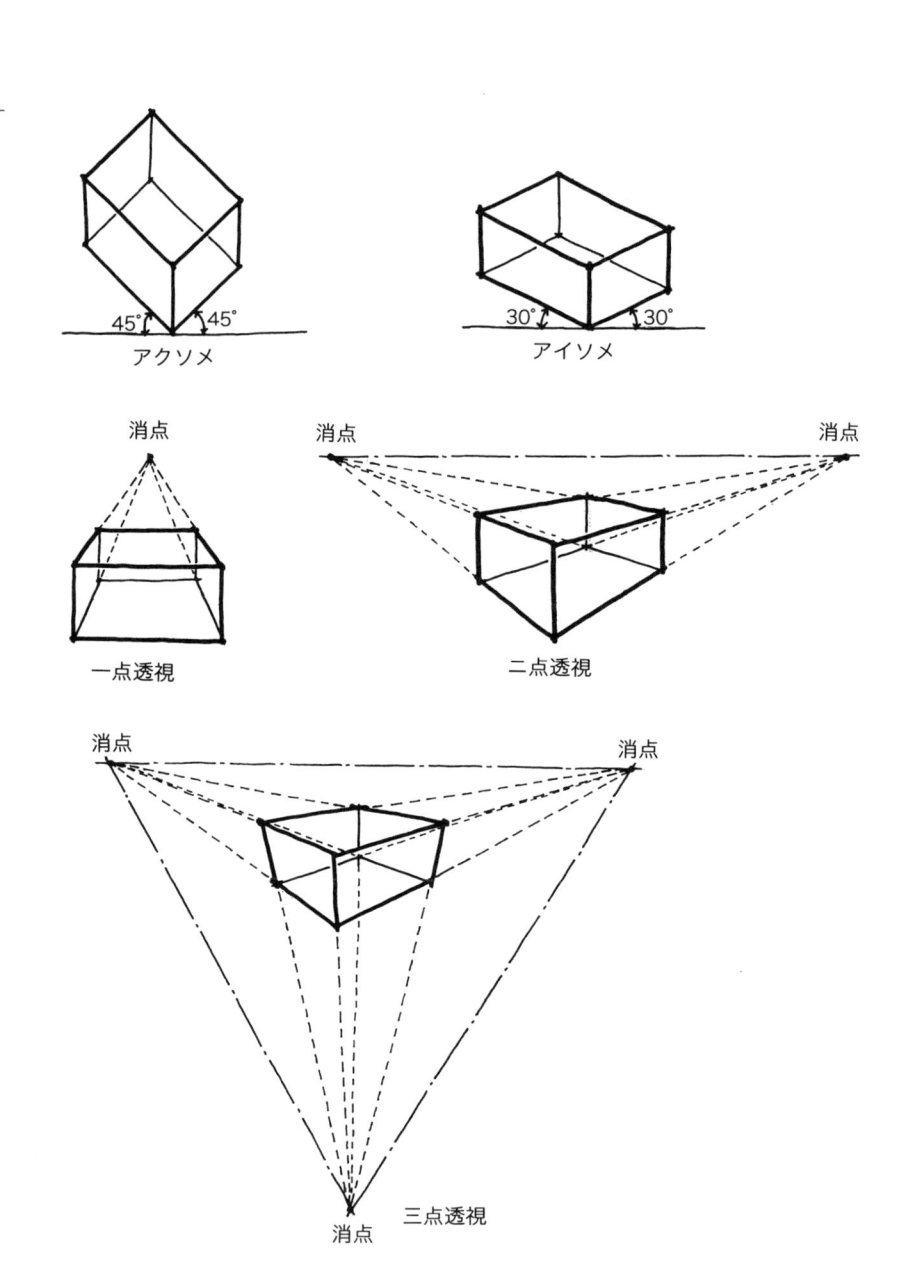

図2・8　透視図法の種類

える。

　遠近図法にも、消点の数によって、一点透視図法、二点透視図法、三点透視図法がある。また図法とは別に、目の位置によって、立っている人の目の高さから見たアイレベル・パースと空から見下ろしたような鳥瞰図の違いもある。

　具体的なパースの技法については、いろいろなテキストが出版されているので、それで勉強してもらいたいが、ランドスケープデザインにおいては広範囲に全体像を把握するために、鳥瞰図を描く機会が比較的多いので、ここでは、エスキスの一環として描くスタディ・パースの描き方を紹介する（図2•9）。

　まず平面図のコピーに適当なピッチ（間隔）でグリッド（格子）を引く。適当なというのは、どの程度細かく描くのかによって変わってくるからであり、平面図の上で10メートルとか20メートルとか決めればよい。描きやすさという点では、紙の上の実寸で2〜3センチほどのピッチが適当であろう。グリッドは描こうとする範囲の全体をカバーする。

　次に、パースを描くためのトレペを用意し、その上に、平面図上に描かれたグリッドを遠近図的に描き写すのであるが、ここが一つの重要なポイントである。これが狂っていると、その後の絵はすべて狂ったままになってしまう。ここに描かれるグリッドは、碁盤を斜め上から見下ろした形になるはずだ。自分の目でよく見て、一つ一つのマス目が正方形に見えていなければならない。

　透視図法に従って焦点を設定し、定規で線を引いてもいいが、消点は、実際に絵になる範囲から遠く離れて、紙の上からはみ出すことが多いので、目を訓練してどこか離れたところにある消点に狙いを定めてグリッドの線を引く訓練をする。

　グリッドがほぼ正しく描けたら、平面図上のさまざまな形を、その

2•6　パースによる検討

グリッドとの位置関係を見ながら、パースのグリッド上に描き写していく。グリッドの数が多いときには、何本かおきに色鉛筆などで区別するとわかりやすくなる。

　この方法で、平面図を平面的な透視図に置き換えられるが、さらに高さの変化をつけなければならない。図法に従って立ち上げる方法もあるが、それよりも、自分の目を信じて、その周囲の平面グリッドの一辺の長さとの比率を見ながら高さを設定するとよい。つまり、平面図に描かれたグリッドのピッチが20メートルであり、ある建物や土地の高さが10メートルだとすると、そのグリッドの一辺の長さの半分を立ち上げればよいということになる。

　これから先はもう絵心の段階だ。がんばって描きあげてほしい。ここでも、エスキスのところで述べたように、青鉛筆、赤鉛筆、黒鉛筆のステップを思い出してもらいたい。着彩の方法についても同じことである。

　最後に、パソコンを使った便利な方法を一つ教えよう。

　グリッドを引いた平面図をスキャナーで取り込み、モニターの中で「変形コマンド」を使って遠近法の平面図をつくり（このときも自分の目でつくる）、それをプリントアウトしてその上でトレペを重ねて形を立ち上げたりしながら線画をつくり、再度それをパソコンに取り込んで、カラーツールを使って着彩する。この方法だと図面のデータをインプットする手間がはぶける上、自分独自の手描き風パースに仕上げることができる。他にもいろいろ工夫すれば面白いだろう。

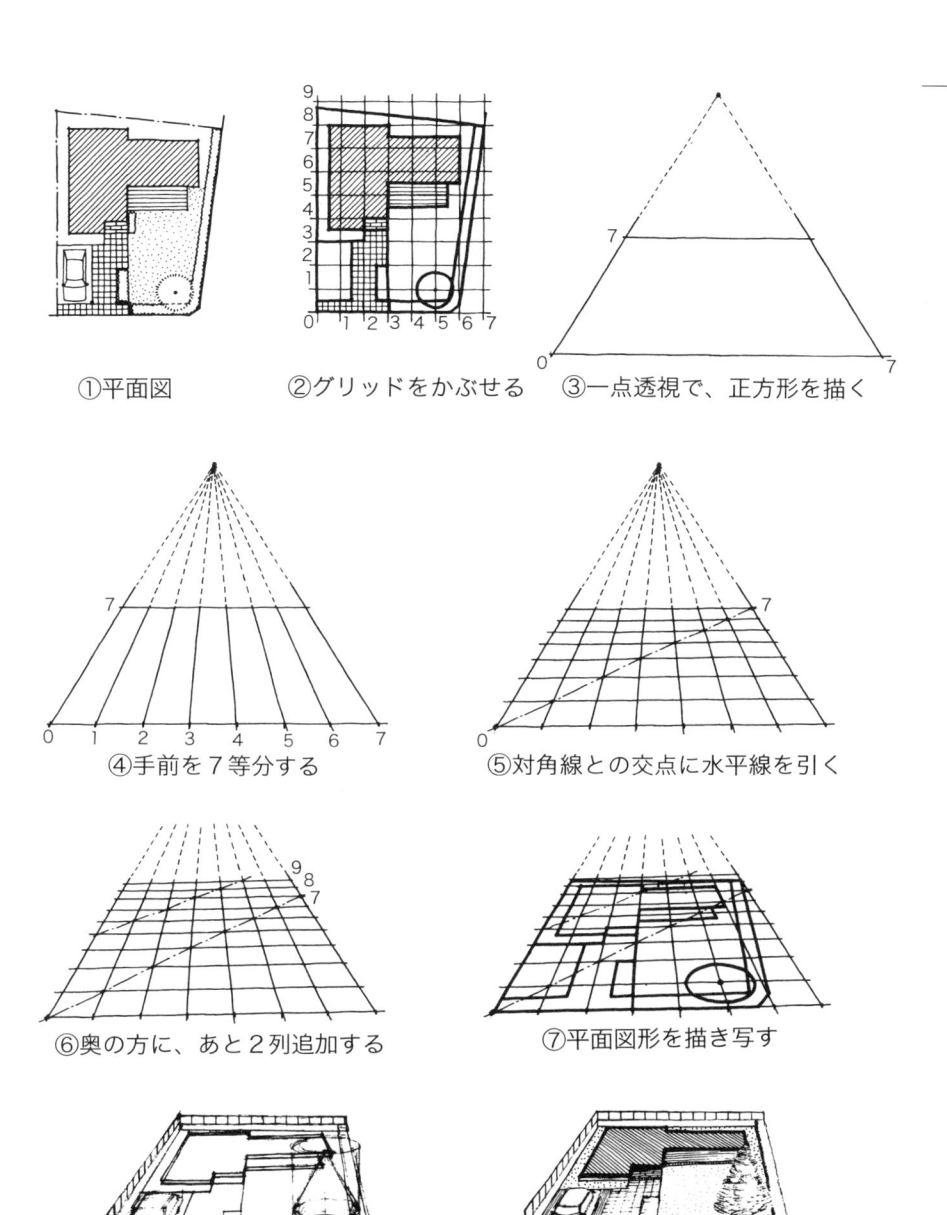

①平面図　②グリッドをかぶせる　③一点透視で、正方形を描く

④手前を7等分する　⑤対角線との交点に水平線を引く

⑥奥の方に、あと2列追加する　⑦平面図形を描き写す

⑧高さを立ち上げる　⑨タッチを入れて完成
（住宅部分は省略）

2・6　パースによる検討

図2・9(1)　鳥瞰図の描き方（一点透視図法）

①グリッドを45°にする

②平面図形を描き写す

③高さを立ち上げる

④タッチを入れて完成（住宅部分は省略）

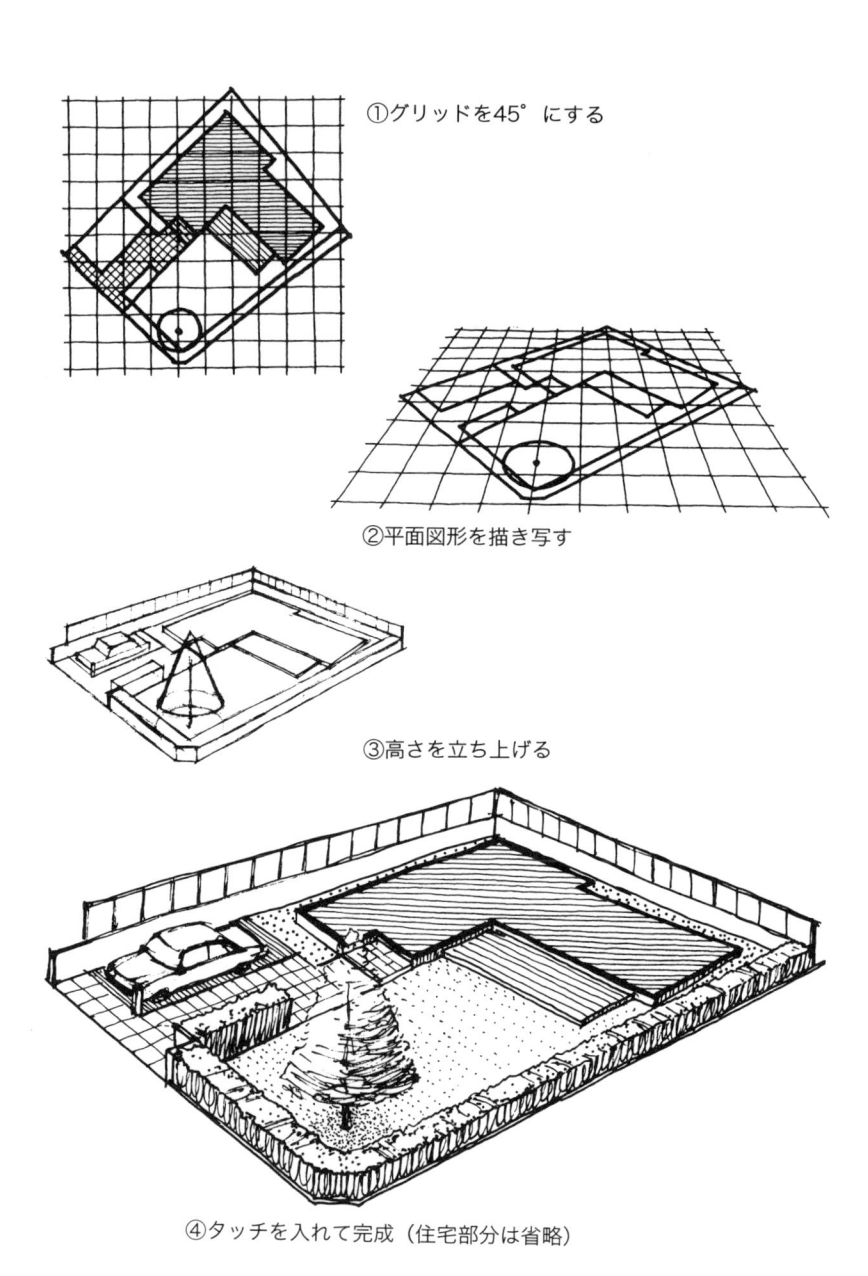

図2・9(2) 鳥瞰図の描き方（一点透視図法による二点透視的描き方）

樹木

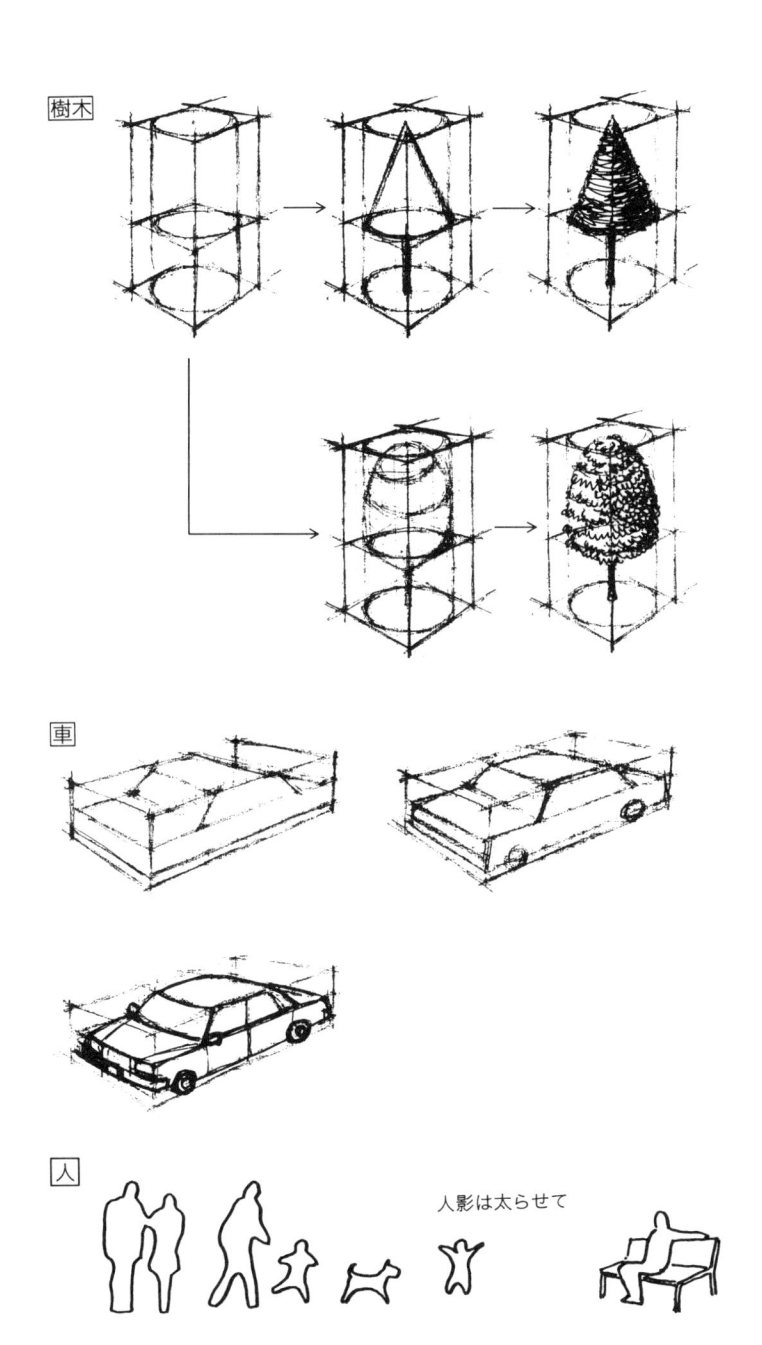

車

人

人影は太らせて

図 2・10　添景物の描き方（最初は、何でもガラスの箱に閉じ込める）

2・6　パースによる検討

break
手づくりの味わい

　私が設計事務所に就職したばかりの頃と比べると、世の中は実に便利になってきたと、つくづく感じます。

　パソコンはもとより、コピー機も、当時はいわゆる青焼きがほとんどで、図面だけでなく、報告書の原稿もトレーシングペーパーを使っていました。また、インク描きの修正も大変でした。

　便利で早くなること自体は悪いことではありませんが、その分、じっくりと手間をかけた独特の味わいというものが少なくなってきたことは、残念でなりません。

　昔の建築家やランドスケープデザイナーが描いたパースやスケッチは額に入れて掛けておいても絵になりますが、最近のパソコンで描かれたCGでは、そんな気にもなりません。

　毎日のように新聞の折り込みに入ってくる、マンションや建て売り住宅のチラシには、樹木や人などが、同じパターンの写真をくり返しコピーしてあるものが多いことにお気づきでしょうか？

　私は、このような「ごまかし」探しを密かに楽しんでいます。

3 章
計画・設計のプロセス

- **3・1** 調査・分析
- **3・2** 企画立案
- **3・3** 土地利用計画
- **3・4** 植栽計画
- **3・5** 施設計画
- **3・6** 設備計画
- **3・7** 設計のまとめ
- **3・8** 工事費の概算
- **3・9** プレゼンテーション

3章 計画・設計のプロセス

　いよいよ、実際の設計の進め方に入ります。
　ここでは、一応、7段階に分けて説明していますが、現実には必ずしもこのように分解して進めるとは限りません。
　何度も行きつ戻りつ、七転八倒、悪戦苦闘のこともあるでしょう。
　時には立ち止まって、発想の転換を図ることも必要です。
　一人で悩まず、周りの人の意見を聞くことも大切です。
　いかなる場合でも、常に前向きに、明るい気持ちで取り組んでください。

「プロセス（process）」とは「過程」と訳され、ここでは設計を進める過程を意味する。

ランドスケープデザインでは、どのようなケースでも、最初から図面を描き始めることはなく、①調査、分析、企画、②基本構想、③基本計画、④基本設計、⑤実施設計、という段階を踏み、さらに工事が始まってから、工事監理を行う。

②の基本構想図はある程度の大規模計画においては、「マスタープラン」とも呼ばれ、その後、ゾーンごとに分けて設計が進められる場合の基本になるが、街区公園程度の規模ではこの段階を飛ばして③の基本計画まで進めることもある。

この章では、標準的な街区公園の基本計画を想定した計画のプロセスを説明し、ケース・スタディ（case study＝C. S.）として標準的な街区公園の基本計画を行ってみよう。

公園設計はランドスケープデザイナーの仕事の典型的なものであり、小さい面積といえども、施設、植栽、設備など、一通りの要素が含まれている。

標準的な街区公園の面積は約 2,500 平方メートルで、平面図の縮尺は、通常 1/200 が使われる。

以下に示す計画案は、必ずしもベストで唯一の案というわけではなく、一つの参考にして、各々独自のプランを考えてもらいたい。また、設定条件を変えて、いろいろなパターンのプランを考えてみるとよい。

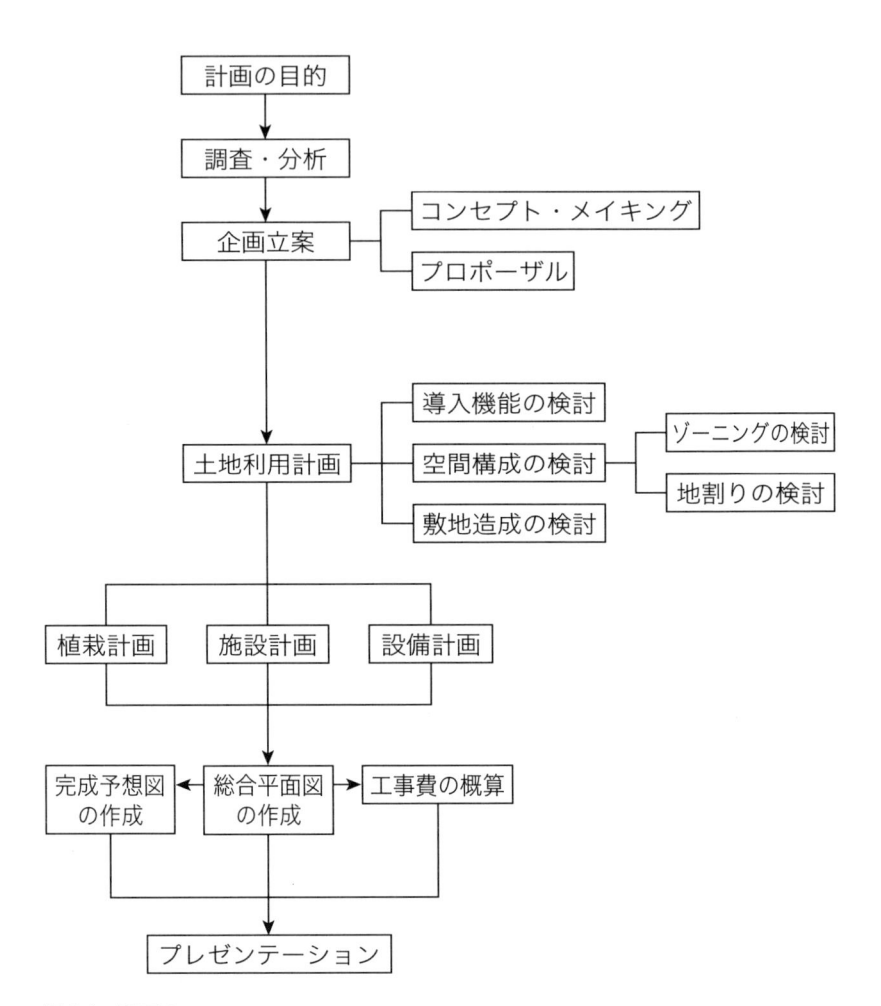

```
                    ┌──────────┐
                    │ 計画の目的 │
                    └────┬─────┘
                         ↓
                    ┌──────────┐
                    │ 調査・分析 │
                    └────┬─────┘
                         ↓
                    ┌──────────┐     ┌──────────────────┐
                    │ 企画立案  ├──┬─│ コンセプト・メイキング │
                    └────┬─────┘  │  └──────────────────┘
                         │        │  ┌──────────┐
                         │        └─│ プロポーザル │
                         ↓           └──────────┘
                    ┌──────────┐     ┌──────────────┐     ┌──────────────┐
                    │土地利用計画├──┬─│ 導入機能の検討 │     │ ゾーニングの検討│
                    └────┬─────┘  │  └──────────────┘ ┌──│              │
                         │        │  ┌──────────────┐ │  └──────────────┘
                         │        ├─│ 空間構成の検討 ├─┤
                         │        │  └──────────────┘ │  ┌──────────────┐
                         │        │  ┌──────────────┐ └──│ 地割りの検討  │
                         │        └─│ 敷地造成の検討 │    └──────────────┘
                         │           └──────────────┘
              ┌──────────┼──────────┐
              ↓          ↓          ↓
         ┌────────┐ ┌────────┐ ┌────────┐
         │ 植栽計画 │ │ 施設計画 │ │ 設備計画 │
         └────┬───┘ └────┬───┘ └────┬───┘
              └──────────┼──────────┘
                         ↓
   ┌──────────┐    ┌──────────┐    ┌──────────┐
   │完成予想図 │←──│総合平面図 │──→│工事費の概算│
   │ の作成   │    │ の作成   │    │          │
   └────┬─────┘    └────┬─────┘    └────┬─────┘
        └───────────────┼────────────────┘
                        ↓
                  ┌──────────────┐
                  │ プレゼンテーション │
                  └──────────────┘
```

図 3・1　計画のフロー

3・1 調査・分析

　まず、最初の段階の目的は、設計を行うにあたって、与えられた条件の整理を行うとともに計画対象地とその周辺地域の特性を調査して、基礎的資料を作成し、その後の設計内容に反映させることである。

　この時点では、まだ具体的な空間の形は表現されないが、設計者としては、現況の特性を読みとり、質の高い発想を生み出すための重要な段階であると言える。

1. 調査項目

　以下に調査項目を列挙するが、必ずしもこれらすべてが対象となるとは限らない。
①自然的条件
- 気象：気温、風向、風速、雨量、積雪など
- 地形：傾斜、地向、起伏、造成の有無など
- 地質：地質構造、軟弱地盤、地滑りなど
- 土壌：土壌分類、土壌浸食度、排水性など
- 水：水系、河川や湖沼の分布、地下水位、水質など
- 生物：現存植生、潜在自然植生、野生動物の種類や生息分布など

②社会的条件
- 人口：地域人口、人口密度、年齢構成など
- 土地利用：都市計画区域、市街化調整区域、用途地域、農地、山林、荒地などの区分
- 住宅地の形態：都心型、郊外型、農村型、戸建て住宅地、集合住宅地など
- 交通：鉄道、道路、通学路その他交通条件など
- 都市施設：教育施設、文化施設、レクリエーション施設の分布など
- 法適用：風致地区、緑地保全地区、その他緑の保全に関わる条例の適用など
- 公害：大気汚染、水質汚染、騒音、悪臭などの発生状況

③人文的条件
- 歴史：文化財の種類や分布、祭礼、行事など
- 景観：特色ある景観の分布など

④上位計画
- 都市計画：道路、河川水路、公園緑地、防災施設、その他都市施設の整備計画など
- 民間開発：大規模住宅地、工場、ショッピングセンター、レジャー施設などの開発計画

⑤敷地条件
- 敷地図：実測図、都市計画図、地形図など
- 供給処理施設：上下水道、電気、ガス、電話などの取り込み位置
- 周辺道路：接道位置、道路幅員構成、交通量など

2. 現地調査

　現地調査における敷地分析の作業は、敷地図の上やフィールドノートに必要項目を書き込んだり、写真を撮ったりする方法が最も一般的であるが、必要に応じて、地域住民へのヒアリングやビデオ撮影を行う場合もある。そのチェック項目は以下のようなものである。

- 方位：東西南北の向き、日当りや日陰の状況
- 景観：計画地内から見た隣接建物の状況、視界や展望の状況など
- 地形：傾斜度、起伏度、隣接地との高低差など
- 表土：表土厚、土質など植栽に向いているか
- アプローチ：どの方向から敷地に入るか
- 供給処理施設：給排水、電気などの接続位置
- 地下埋設物：古い建物の基礎やガレキなどが埋まっていないか
- 既存樹：敷地内の既存樹の種類や生育状況とその位置
- その他、設計する上で留意すべきことなど

C.S.1　敷地条件の把握

- 計画対象地は、大都市近郊の典型的な分譲住宅地内にある。
- 敷地形状は、南北が40メートル、東西が60メートルの長方形で、面積は約2,400平方メートルである。
- 地形は緩やかな南東下がりで、高低差は2.5メートルある。
- 敷地は造成地であるが、地盤、土壌の条件には特に問題ない。
- 東側が幅員9メートル、北側と南側は幅員6メートルの区画街路に接しており、西側は宅地に接する。

- 三方の区画街路には、上下水道（分流式）が埋設されており、北東角に電柱が設置されている。
- 最寄り駅（バス停）は北の方になる。
- 周辺の居住者は、三世帯同居が多い（図 3・2）。

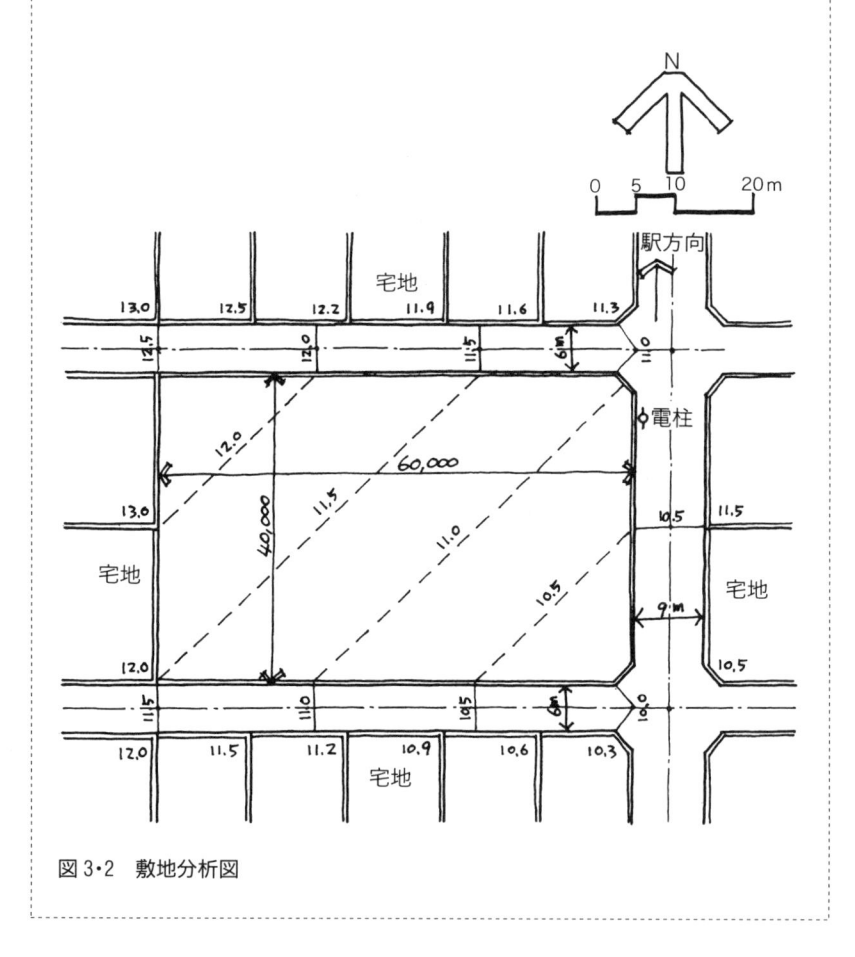

図 3・2　敷地分析図

3・2 企画立案

1. コンセプト・メイキング

　以上の調査、分析に基づいて、計画の前提条件を整理し、さらに計画方針やデザイン・コンセプトを提示して、ある程度のイメージを浮かび上がらせる。

　「コンセプト（concept）」とは「概念」と訳されるが、わかりやすく言えば、「考え方」という意味である。したがって、通常、コンセプトは言葉による表現となり、その中に使うべきキーワード（keyword）を探り出すことが大切である。例えば、「子供と老人がふれあう公園」というコンセプトでは、キーワードは「ふれあう」であり、「○○山への展望を活かした公園」には、「展望」というキーワードが使われている。

　また、コンセプトをさらに具体的な形に導くために、七つの「W」と一つの「H」を念頭に置いて考えると良い。つまり、「who（施主、発注者）」＝その設計の依頼主は誰か、「where（立地）」＝計画地はどのような環境の中にあるか、「what（内容）」＝何を計画するのか、「whose（利用者）」＝それは誰のためのものなのか、誰が利用するのか、「why（目

的)」=その目的は何か、「when（工期、竣工日）」=設計はいつまでにまとめるのか、あるいは、いつから工事を始めて、いつ完成させるのか、「whom（施工者）」=誰によってつくられるのか、そして「how（工法）」=どのような手順によって設計あるいは工事が行われるのか、について整理、提案する。

　住宅設計の場合には、通常、施主と利用者（そこに住む人）は同一であるが、公園のような公共施設の場合には、発注者は自治体などで、利用者（エンドユーザー）は地域住民というように別になるため、発注側の担当者の指示に従うばかりでなく、誰が利用するのかということを、常に念頭に置いて計画しなければならない。

2. プロポーザル

　「プロポーザル（proposal）」とは「企画提案」と訳されるが、結婚申し込みのプロポーズも同じ意味で、どちらも、「私（のアイデア）を気に入ってください」と、相手に訴えることである。

　この段階のまとめとしては、「企画提案書」というレポート形式にすることが多いが、ただ文字だけの表現より、図表や写真、イメージスケッチなどを活用すれば、アピール度が高くなる。

　特に、設計者を選考するプロポーザルの場合には、この段階での印象が決め手になるので、気を抜くことはできない。最近の公共事業では、談合問題を招きやすい入札方式に替えて、このプロポーザル方式が増えつつあるので、企画の提案力や表現力が大切である。

　プロポーザルにおいて最も重要な点は、提案者がどのようなデザイン・ポリシー（計画理念）を持った人（あるいは組織）で、今回の計

画地やその周辺環境をどのように把握し、そこにどのような内容の計画を考えているか、ということを明確に示すことである。したがって、ヴィジュアル（視覚的）な表現だけでなく、文章表現の能力も必要となる。

> **C.S.2　コンセプトの検討**
>
> 　ケース・スタディの計画地は際立った特徴はないが、三世帯同居家族が多い住宅地の中につくるということで、高齢者と子供が多いのではないかと想定できる。
> 　また、地形に2.5メートルの高低差があるため、全体を平坦な広場にすることは、多少無理がある。
> 　高齢者と子供では公園での過ごし方に当然違いがあるので、ある程度の空間区分が必要であろうが、両者が仲良く共存できる公園を目指し、「お年寄りと子供のふれあい」をコンセプトにして計画する。

3・3 土地利用計画

　土地利用計画とは、都市計画のような比較的広域の計画で使われる用語であり、造園では「地割り」という。これを、住宅設計に当てはめると、大まかな間取り計画に当たる。

　住宅は、たいていいくつかの機能（役割り）を持った部屋に分けられるが、オープンスペースにも目的に応じた空間区分が考えられる。

　また、それぞれの空間の機能によって、適正な規模があり、それらをどこにどのような関連性をもって配置するかを検討するのが、土地利用計画である。

1. 導入機能の検討

　これから計画する敷地には、どのような機能をもった空間が必要であるかを検討する。これも、住宅設計に当てはめてみると、まず、玄関ホール、ゲストルーム、リビングルーム、ダイニングルーム、キッチン、ベッドルーム、そしてバス・トイレなどの空間を考えるだろう。

　同様に、公園のような屋外空間にも、休むスペース、運動するスペース、花壇や池などの鑑賞用スペース、人が通る園路スペース、さらに、トイレや管理事務所などの建築スペースが必要な場合も考えられ

る。

　計画地の中に、どのような機能が求められるかについては、先の調査、分析の段階で、十分に検討を深めておかなければならない。

> **C.S.3　導入機能の検討**
>
> 　計画地にどのような機能をもった空間を導入するかを検討するのであるが、今回は「お年寄りと子供のふれあい」というコンセプトを設定することから、「ふれあい」の空間が中心になると考えられる。また、お年寄りのくつろぎ空間や、子供たちの遊び空間も必要であろう。
>
> 　まず、お年寄りは公園でどのような時間の過ごし方を求めるか、子供たちはどんな遊び方をしたいか、さらに、子供の親たちはどうか、などと具体的にイメージを膨らませる。
>
> 　お年寄りたちがゆったりとくつろげる空間と、子供たちが元気に遊びまわる空間を分けて、その間に両者のふれあいの空間を設ける。ふれあい空間の周囲にサクラを植えて、春には花見を楽しめるようにしよう。
>
> 　休憩施設や公衆トイレも必要になる。
>
> 　また、敷地の南西側に住む人が、バス停や駅の方向に行く時に、公園の中をショートカットできるルートもあった方が喜ばれるかもしれない。

3.3　土地利用計画

2. 空間構成の検討

　導入機能を整理したら、それぞれの必要面積を想定し、全体の敷地面積と照合して、バランスがとれているかを確認する。もし、オーバーしていれば、どれかを消去するか規模を縮小する必要も出てくる。
　この段階は、デザイナーとしての能力を発揮する最初の山場である。
　初期の段階では、まず大まかなゾーニング（zoning）という形のエスキスから始める。
　ゾーニングのエスキスは敷地図の上で、「このへんに、このくらいの大きさで中心となるAの機能を配置し、その南側にBの機能を、そして北側にCを、東側にDを配置して、メインの入り口はこちらから…」などと考えながら、手を動かす。
　大体の空間構成が決まったら、次に、それぞれの形の検討に進む。建築の設計では、柱と壁の線で構成することが多いが、オープンスペースにはそのような基準線がない場合が多いので、以下のように何らかの手掛かりを設定して検討する方法がある。

①敷地の外形
　敷地の形から、中の空間の形を決める。小規模な公園などでよく見られるが、変型敷地の場合には問題がある。

②グリッド
　敷地に適切な間隔のグリッド（格子）をかぶせて、それを基準に内部空間の形を検討する。

③軸線
　南北の方位軸や、地域のランドマークとなっている山などを意識し

た景観軸を基準にして検討する。敷地内からは実際に見えなくても、認識軸として捉える場合もある。

④幾何学形

　適切な大きさの正方形や円を設定して、空間を形づくる。この方法では、ややもすると形が堅苦しくなりがちなので、デザイナーのセンスがかなり求められる。

⑤導入施設の形

　野球場や陸上競技場、テニスコートなどは、それ自体に決められた大きさや形、さらにその向き（方位）がある。運動公園などの場合には、これらの形を基準に全体計画を検討することが多い。

C.S.4　ゾーニングの検討

　導入する空間を、どの位置にどのような関係を持たせて配置するかを検討するゾーニングから始める。

　住宅の設計を例にすれば、「ここを玄関にして、居間をこの辺に、その隣にダイニングとキッチンを配置し、バス、トイレはこのあたり…」などと検討するが、屋外空間でも、基本的には、これと同じである。

　このケース・スタディでは、まず、ふれあい空間を中心において、東側に子供たちの遊び空間を、西側にお年寄りのくつろぎ空間を配置し、隣接の住宅地との間に緩衝帯を設ける。

　トイレ空間は、どこからでも使いやすく、電気の引き込みにも都合のよい北東角にする（図3・3）。

図 3・3　ゾーニング図

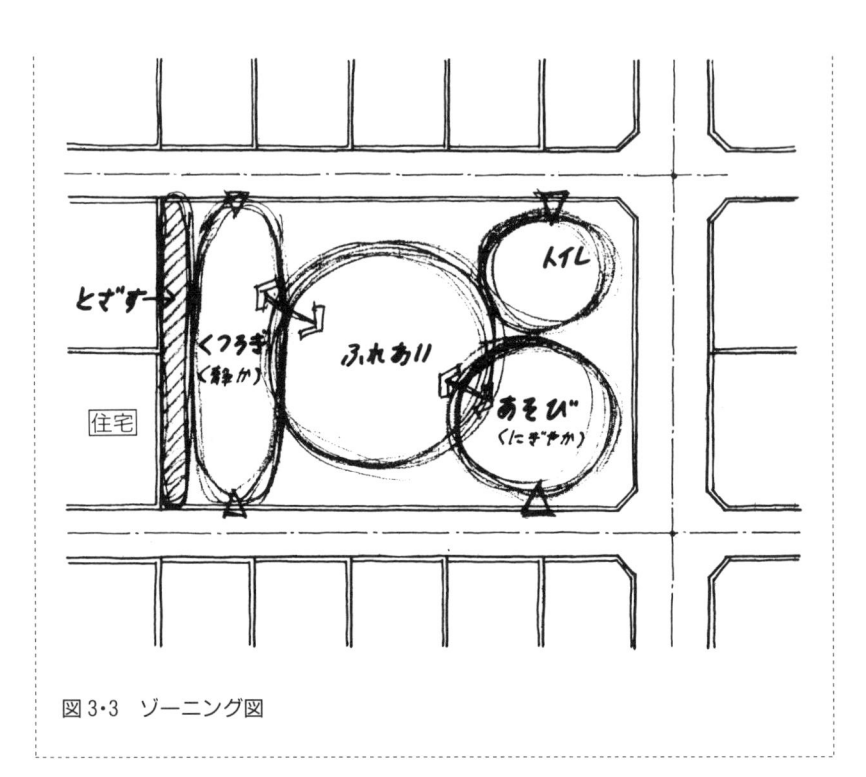

> **C.S.5　地割りの検討**

　次に、先のゾーニングをもとに、敷地の中を具体的な形に区切っていく「地割り」を行う。

　このケース・スタディでは、ふれあい空間を中心に配置して、その周囲に子供の遊び空間や老人のくつろぎ空間などを配置するように検討を進めるが、地形の高低差を考慮に入れて、各空間をスロープで接続し、バリアフリー化を図る。

　スロープで結ぶ各空間の高低差を1メートルに設定すると、スロープ長は約20メートル必要となる。そこで、中央の「ふれあい広場」の一辺を20メートルにし、その外周にスロープを設けるとともに、広場の中を斜めに通り抜ける園路を計画する。その園路

によって二分される広場は南東向きに約14分の1の勾配を持った斜面となる。

　敷地の外周と各空間の間には、幅2メートルほどの植栽帯を巡らせて、安全性の確保と隣接住宅地への緩衝効果に配慮する。

　このような検討の結果、図3・4の地割り案ができる。しかし、この案では、何となく堅苦しく変化に乏しい。そこで、さらに手を動かして、中央のふれあい広場を丸形にしてみる。その場合でも、各スロープ長は20メートル以上になるようにしなければならないため、広場の直径はおよそ30メートルとなる。このような検討の結果、図3・5のような第2案ができる。

　両案を比較すると、後者の方が空間にやわらかさと変化が感じられるため、今回はこの第2案を基本にして、次の段階に進む。

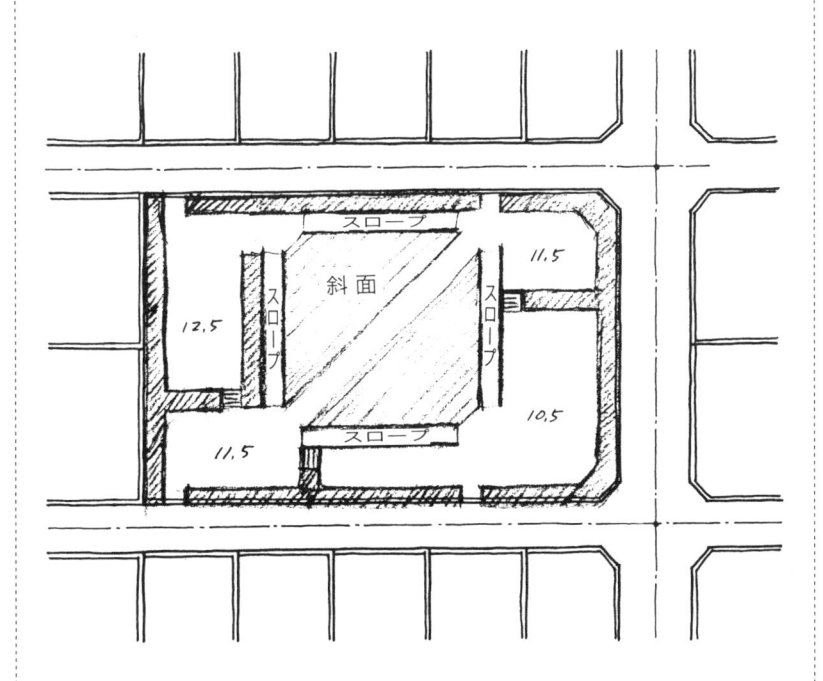

図3・4　地割り図（第1案）

図3・5　地割り図（第2案）

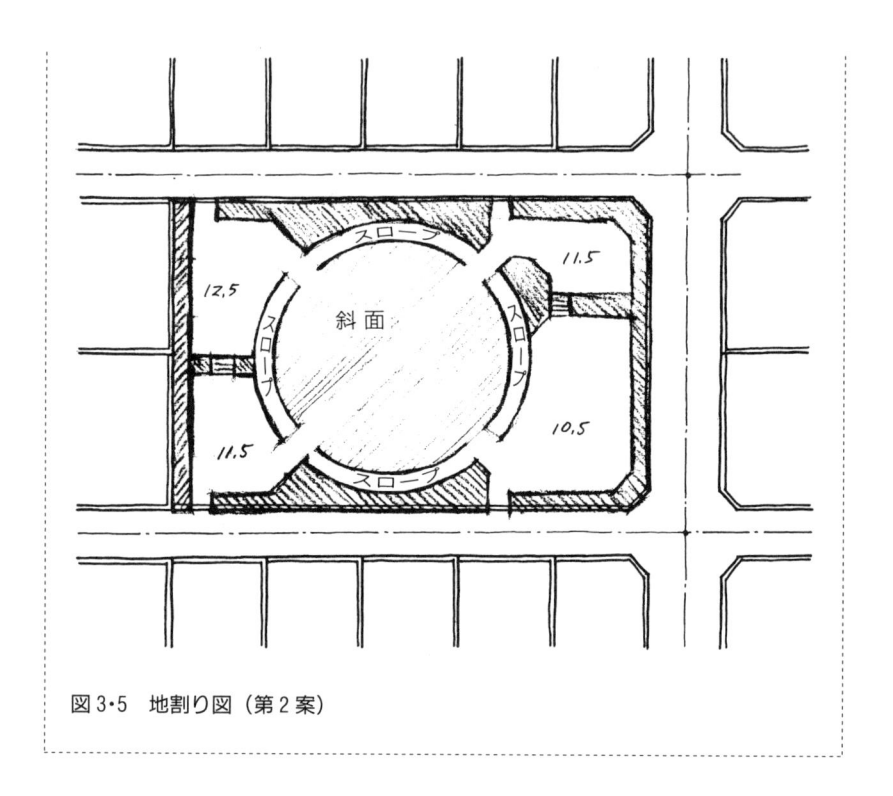

3.　造成の検討

　土地利用を検討する上では、当然、地形の高低差も考慮しなければならない。実際の敷地は、常に平坦とは限らない。その地形や周辺との関連を考慮して、最も有効な造成方法を検討する。
　できる限り、原地形を大きく改変しないような計画が望ましいが、やむをえない場合には、工事費などの一時的な経済性だけでなく、長期的な展望に立った価値判断が求められる。
　特に、大規模な計画においては、生態系や水系などに対する影響を

十分に考慮することを怠ってはならない。

C.S.6　敷地造成の検討

　地割りの検討を進める段階で、すでに各空間のレベル設定も行っているが、ここで再度、敷地造成の検討をする。

　計画地は2.5メートルの高低差があるが、最も低い南東角を道路面から50センチ高くして10.5のレベルに設定し、北東側と南西側を11.5、北西側を12.5の3段階に設定する。

　図面上での検討は、各部のレベルを記入しながらコンター・ラインを描き込んでいく。コンター・ラインのピッチは、地形の変化に応じて設定するが、今回のケース・スタディでは10センチ・ピッチとした。

　それをもとに、造成模型をつくって立体的なチェックを行う。図3・6はコンター図をアクソメで表現したものであるが、これでもかなり立体的に見える。

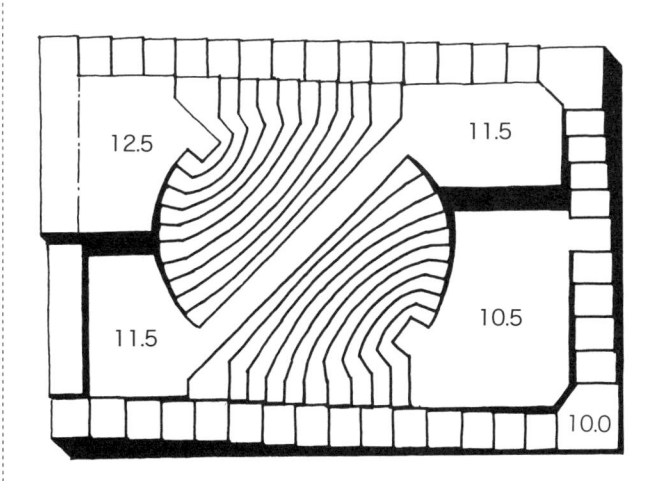

図3・6　造成のアクソメ図

4. イメージプランの作成

　地割りと造成の検討がほぼまとまったら、さらに具体的な空間イメージのエスキスを進める。

　イメージプランとは、定規を使って描くような平面図ではなく、頭に描かれる空間のイメージをフリーハンドで表現するものである。

　この段階では、先にも述べたように、それぞれの利用者の立場に立って、さまざまなシチュエーションを想定しながら、望ましい空間のイメージを描いていく。

　子供の頃に、あれこれとイメージを浮かべて、一人でブツブツ言いながらクレヨンで絵を描いたことを覚えているだろう。そのような気持ちになって手を動かしてみるとよい。

　表現としては、平面図だけでなく、いろいろな視点からのイメージスケッチを描くと、自他ともにより具体的に理解することができる。

　もちろん、色鉛筆やパステルなどを使って、色彩的なイメージも表現すると、もっとよくなる。

　定規を使わないといっても、スケールが狂わないように、方眼紙を使ったり、適宜、三角スケールを当てることを忘れないように。また、高さ関係のチェックも大切である。

C.S.1　イメージプランとイメージスケッチ

　平面図の上には、導入する施設や植栽を描き込みながら検討を進めるとともに、適宜、頭に浮かぶシーンをスケッチにして確かめる（図3・7）。

　ケース・スタディでは、メインとなる「ふれあい広場」と、くつろぎの空間の中に設ける、花に囲まれた「いろどりの路」と名付ける空間のイメージを描いてみた（図3・8）。

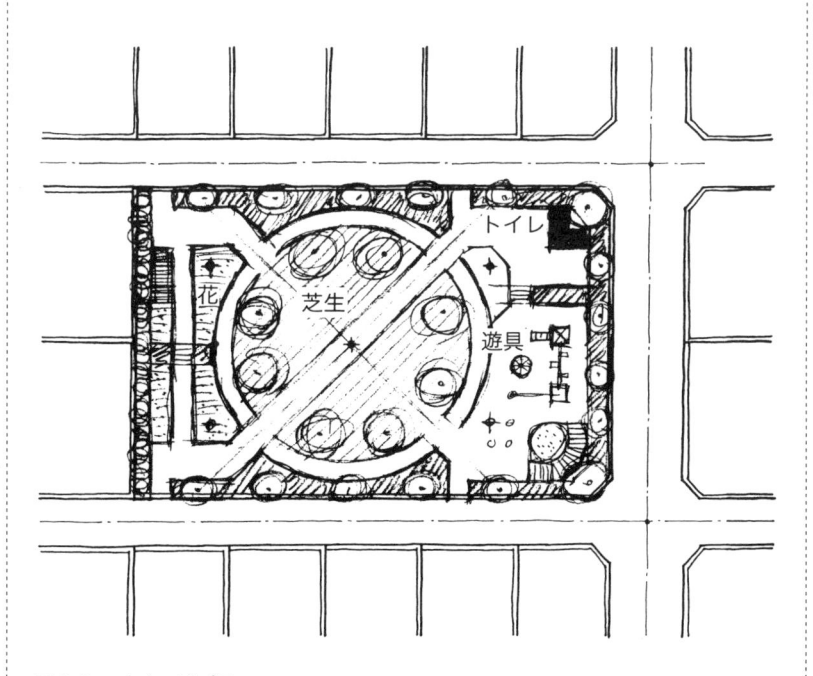

図3・7　イメージプラン

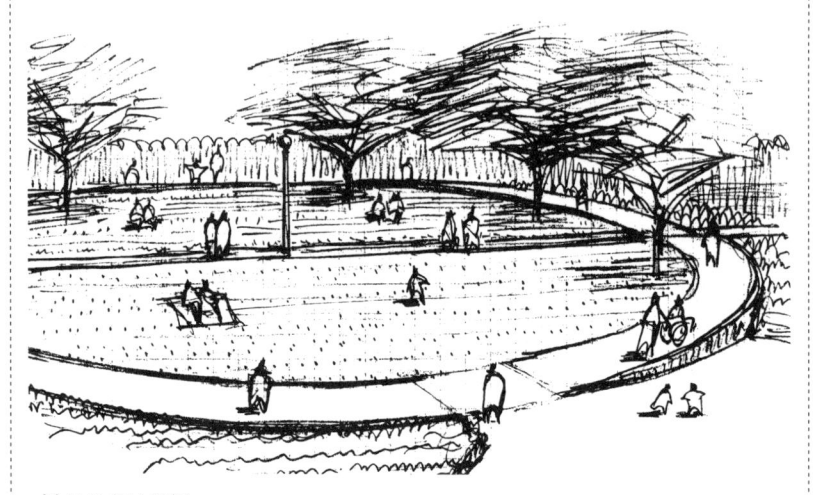

(1) ふれあい広場

(2) いろどりの路

図3・8　イメージスケッチ

3・4
植栽計画

　植栽計画にあたって最も大切な点は、植物は生き物であるということであり、計画対象地の気象や土壌などの自然的条件の把握は不可欠である。さらに歴史性や地域文化といった社会的条件と地域植生との関連にも配慮する必要がある。

　最近では植物の総称を「みどり」という言い方をするが、これも、ただたくさん植えればいいというものではなく、適材適所適量の考え方が必要である。緑豊かな空間は人の心を癒す効果があるが、あまり多すぎてもうっとうしく、時には危険な場所にもなりかねない。

　植物に詳しい人は、具体的な樹種をイメージしながらデザインすることができるが、あまりよく知らないからといって専門家まかせにするのではなく、空間のイメージを描きながら配植を検討する。

　植栽は平面的にだけ考えず、立体的なイメージを描きながら検討を進める。スケッチを描くのが一番であるが、言葉だけでも、例えば「ここにはスッとした大きな木」とか「ここは低くてモコモコとした感じ」「窓先には、明るくサラサラっとした感じで、冬には落葉するのがいい」などと考えることはできる。さらに、季節によって花が咲くとか、実が成るとか、ここには匂いのする木を植えようなどとイメージを展開させるとよい。

　また、常に南北の方位を頭に入れて、日向と日陰を意識することも忘れないように。

C.S.8　植栽計画

　イメージプランの段階で植栽のイメージもある程度考えたが、ここでは、それをさらに具体的なレベルに高める。

　まず、中央の「ふれあい広場」は緩やかな斜面で寝っ転がったり、春には花見をしたりできるように考えて、地被にはシバを植え、周辺にサクラを植える。

　敷地外周には安全性と修景を考えて、花の咲く常緑低木（ツツジやアベリアなど）を混植する。さらに、北東と南東の角には、ランドマークとなるように、常緑高木（クス、アラカシ、マテバシイなど）を植え、それ以外には、四季の変化が感じられる落葉高木（ケヤキ、ユリノキ、エンジュなど）を一定の間隔で配置する。

　敷地の西側は、隣接する住宅地との緩衝帯となるように、常緑中木（サザンカ、イチイ、シラカシなど）の列植とする。

　くつろぎ空間には花壇やツルバラのアーチを設けて、地域住民の自主管理とする。

　植栽計画図は、一枚の平面図にまとめて表現してもよいが、構成が複雑な場合には混乱を避けるために、低木、地被と高木、中木の2枚に分けて作成することもある（図3・9）。

　エスキスの段階では、色鉛筆などを有効に使って、季節ごとのイメージがどうなるかを十分に検討する。途中の打合せなどの際には、むしろ、このエスキス図を使う方がわかりやすく、基本計画のプレゼンテーションでも、できれば四季に分けた植栽平面図をつくると効果的である。

（1）低木、地被

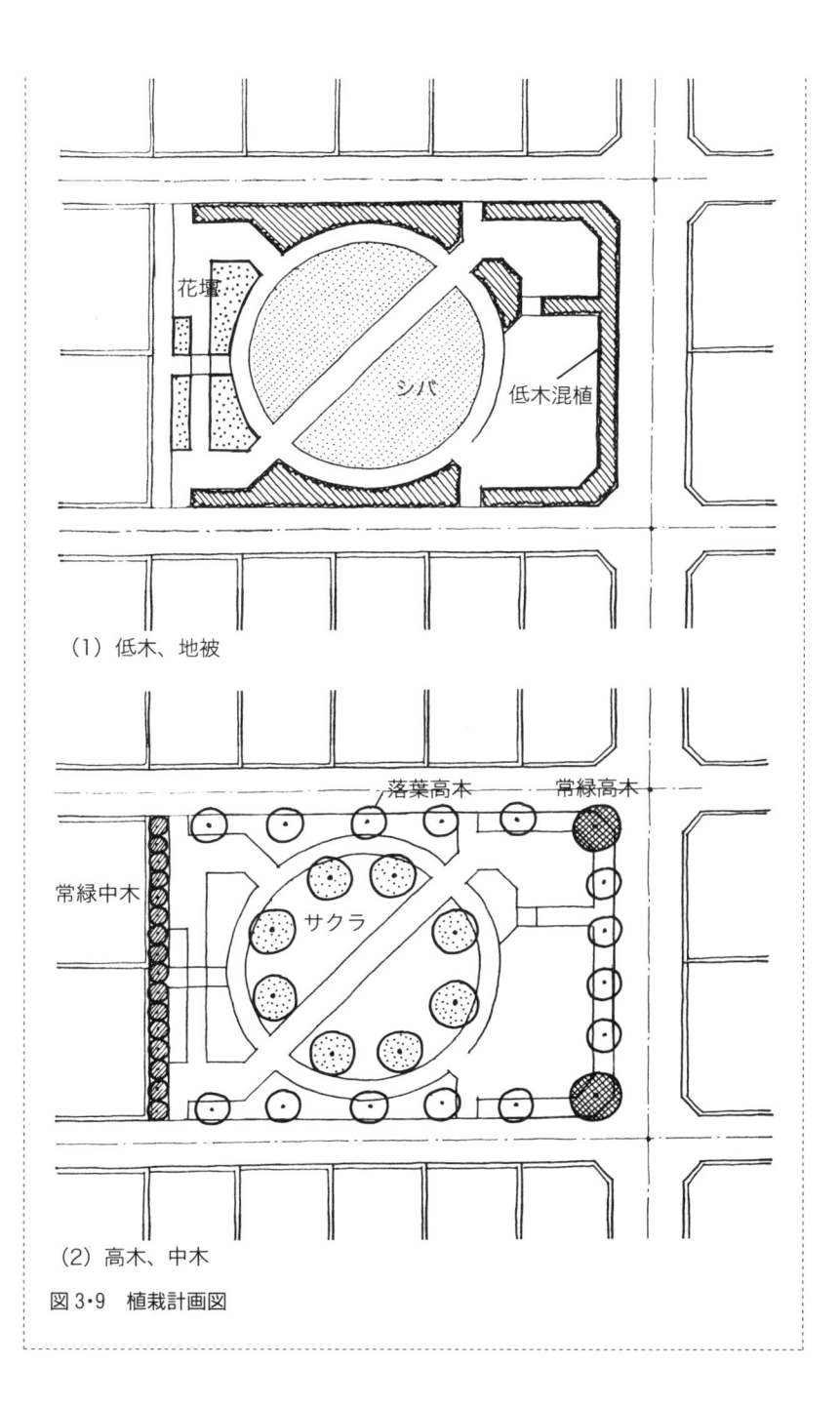

花壇
シバ
低木混植

（2）高木、中木

落葉高木　常緑高木
常緑中木
サクラ

図3・9　植栽計画図

3・4　植栽計画

3・5 施設計画

　大体の土地利用計画が決まったら、次にそれぞれの空間に取り込む施設を選択もしくはデザインし、その形や大きさ、配置を検討する。
　実際には、常にこの順序で進めるとは限らず、土地利用計画のエスキスを行っている段階で同時にイメージを検討することも多いが、あくまでも全体空間のデザインが大切なのであって、一つ一つの施設を個別に考えることは避けるべきである。

1. 導入施設の検討

　導入施設は必ずしもオリジナル・デザインのものとは限らず、二次製品（既成品）を採用することも多いので、いろいろなメーカーのカタログや実物を見て、姿形だけでなく、コスト（価格）も考慮に入れながら選択する。
　作家意識の強いデザイナーは、できるだけ独自のデザインの施設を使おうとする傾向があるが、時がたってそれが老朽化し、補修や取り替えの必要が生じた時のためにも、それほど特殊なデザインを必要としない施設については、一般的な材料や形のものをうまく活用する考え方も大切である。

導入施設は、それぞれの空間の機能や目的に応じて、以下のようにさまざまなものが求められる。施設のデザインや選択にあたっては、その場のイメージを十分に考えて検討しなけれぱばらない。

①休むための施設（休養施設）

　ベンチ、スツール、野外卓、パーゴラ（日除け棚）、あずまや（東屋・四阿）など

②遊ぶための施設（遊戯施設）

　子供のための各種遊具、大人も使えるアスレチック遊具、ゲートボール施設など

③見せるための施設（修景施設）

　花壇、噴水、彫刻、ライトアップ照明など

④守るための施設（安全管理施設）

　車止め、立ち入り防止柵、転落防止柵、防球ネットなど

⑤案内のための施設（案内施設）

　案内板（地名、地図）、制札板（注意書き）、名称板（公園、施設、植物などの名前）など

⑥保健衛生のための施設（便益施設）

　公衆トイレ、手洗い器、水飲み器など

2.　施設配置の検討

　計画に取り込む施設の種類がほぼ決定したら、次にそれら相互の関連性を考慮しながら配置を検討する。

　その際には、3・2節で触れたシチュエーションを十分に考えて、ベンチなどでも、テキトーに設置するのではなく、実際に利用すると思わ

れる人の欲求や心理状態などを考慮するべきである。

　例えば、カップルや赤ちゃん連れの人が多く利用すると思われるような場所には二人掛けの長椅子が適しているし、両方向に自由に腰掛けさせたい場所には背もたれのない平ベンチやスツール（丸椅子）がふさわしい。近ごろ駅のホームでは、昔のような長椅子を見かけなくなったが、一つの理由は、不審な人が横になって寝るのを防ぐためと聞いた。そういう意味で、公園の長椅子にも一人分ずつ仕切りをつける要求が増えてきたが、これも考えものだ。

　街灯などの照明器具の適正な照度分布や、子供の遊び動線を考えた遊具の配置なども重要である。照明器具とベンチの位置関係も、あまり近いと夜間眩しすぎたり、蛾などの虫が頭上にブンブン集まってくることもあるので配慮が必要である。また、ベンチとクズ入れやスイガラ入れなどにも、適正な間隔をもたせないと、ゴミやタバコの匂いがして不愉快な思いを与えることもある。

　さらに、施設配置を検討するにあたっては、敷地内の関連性だけでなく、外周道路や隣接地との関連も考慮しなければならない。

　歩道のない道路に接する公園の出入り口には、子供の飛び出しを防ぐための安全柵を設置することが望ましいし、隣の住宅のすぐそばに公衆便所を配置するようなことは避けるべきである。

　街灯が配置上やむをえず、隣接する住宅の2階の窓の近くになってしまう場合があるが、そのような場合には反射板の付いた灯具を選んで、住宅側に直接明かりが当たらないようにするなどの配慮も必要である。

　近ごろは、シンボル的な施設や樹木のライトアップが多くなったが、その照明の向きによっては周辺への迷惑にならないように、注意する必要がある。

C.S.9　施設配置計画

今回のケース・スタディで導入する施設としては、トイレ、パーゴラ(下にベンチを配置)、バラのアーチ、各種遊具、手洗い器、照明、案内板、外柵、車止め、などが考えられる（図3・10）。

照明は電気、手洗い器は給水および排水の系統との関連で考え、トイレはその両者との関連を考慮して配置する。

遊具の種類については、遊ばせ方の種類と安全性を検討して、バランスよく配置する。砂場は幼児に人気がある遊び場であり、母親らがそれを見守ることを考慮して、パーゴラ、ベンチとの関係をもたせる。また、砂遊びでは、水を使うこともあり、手の汚れを洗うことも考えて、近くに手洗い器を配置するとよい。

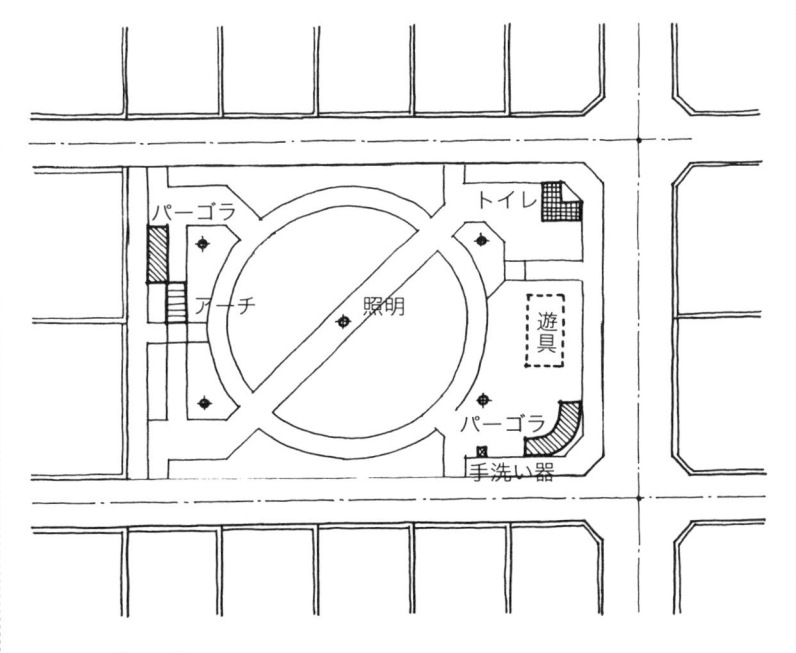

図3・10　施設配置図

3・6 設備計画

　街区公園に必要な設備は、一般的に、給水、排水、電気である。基本計画段階での設備計画は、それ以降の設計を進めるための基本的な指針を示すことであり、敷地外からの導入地点の確認、敷地内の各施設への配管系統の検討が主となる。
　上水や電気の供給容量のチェックは、最初の調査段階で確認されているはずであるが、もし、その容量が足りなかったり、あるいは近くに水道本管や電気の供給元がないような場合には、事前に水道局や電力会社に依頼して、配管や配線を手配してもらう必要がある。

1. 給水計画

　給水施設は、手洗い器や公衆トイレなどの便益施設への供給、池、噴水、流れ、壁泉などの修景施設への供給、清掃や植栽などの維持管理施設への供給のほか、防火水槽や消火栓などの防災施設への供給など多岐にわたる。

◇給水方式

　給水方式には、直結方式と間接方式がある。前者は水道本管と直結

して受水する方式で、システムが単純で、維持費も少なくてすむが、本管の水圧に左右され、断水時には給水が止まる。後者は、いったん、受水槽に貯水した水を、ポンプを使って給水する方式であり、さらに、高置水槽式と圧力水槽式に分けられる。

　高置水槽式は、一般のマンションやビルなどで採用される方式で、屋上に設けられた水槽から自然流下で各施設まで供給するため、水圧が安定し、設備費や管理費が安価である。

　圧力水槽式は、直結方式や高置水槽式が採用できない場合や、きわめて高い水圧を必要とする場合に採用されるが、装置が複雑となり、常にポンプを駆動するのに電力を必要とするため、維持費が高くなる。

　通常の街区公園では、直結方式が用いられる。

　一般的には、道路の地下に埋設されている水道本管から分岐して、各敷地内へ導入されるが、敷地内のメーターまでが水道局の管轄で、そこから先は施設の管理者の管轄になる。

　敷地内の配管はほとんどが地下埋設で、管の分岐点やバルブの位置には地表につながる桝を設ける。

　また、最近は上水だけでなく、雨水や浄化処理後の水（中水）を水景施設や植栽管理に使用するケースも増えてきたので、そのための貯水槽や配管の計画も大切である。

◇給水系統

　給水系統には、枝分かれ型とループ型があるが、前者は末端になるにしたがって水圧が低下しやすいので、規模の大きい公園や末端の施設が多い場合には後者のループ型を採用することが望ましい。

　給水管の口径は、一般の蛇口では13ミリであるが、元になるほど20ミリ、25ミリと太くなる。

　ちなみに、フラッシュバルブ式の水洗便器には25ミリの給水管が

必要であり、消火栓では40〜50ミリの接続管口径が必要になる。

2. 排水計画

　水を使えば、その排水のことも考えなければならない。
　排水は、雨水排水と、公衆便所や飲用水栓、池などの汚水排水があり、敷地外周の道路の側溝や下水本管に放流される。
　都市下水道が整備されていない地域では、当然下水道への排水はできないわけだから、敷地内に浄化槽を設けて処理することになる。汚水処理の方法はその地域によって決まりがあるので、事前に管轄の役所に問い合わせて把握しなければならない。
　下水道が完備されている都市でも、分流式と合流式の違いがある。分流式とは、雨水と汚水を別系統で排水する方式で、合流式はそれらを同じ下水管で排水する方式である。どちらの方式も一長一短であるが、その地域の方式に合わせることを忘れてはならない。
　汚水は使用された給水量のすべてが排水されるが、雨水の一部は植栽地や透水性のある舗装面において地下に浸透するため、流出量は全降水量より少なくなる。

◇排水方式
　排水方式は、開渠式、暗渠式、浸透式に分けられる。開渠式とは、道路脇に見られる側溝のように、地上に開かれた溝状のもので、暗渠式とは、地下に埋められた箱型水路やパイプ状のものである。浸透式は場外に放流できない場合などに、敷地内の地下に浸透桝というものを設置して自然に地下に浸透させる方式である。

運動広場などの地下には、水はけをよくするために、透水管という細かい穴の開いたパイプを埋設して雨水排水桝に導く方法を用いることもある。

　雨水の流出量を計算するには、その地域の降雨強度という数値が使われるが、これは、過去の降雨記録や降雨強度公式という計算式に基づいて設定されるもので、その決定にあたっては、流末放流先の管理者との協議が必要となる。

　実際の設計にあたっては、流出量の計算式（マニング公式や合理式）によって排水量の算定を行い、排水管の口径や排水溝の断面積、さらにその勾配などを設定する。

◇排水系統

　計画対象地が合流式の地域か分流式の地域かによって、雨水排水と汚水排水の系統を一つにまとめるか、二系統に分けるかが違ってくるが、いずれの場合にも敷地内の流末地点に桝を設けなければならない。

3.　電気計画

　電気設備としては、園路や広場などの照明、公衆トイレの照明などがあるが、噴水池や壁泉などを設ける場合には、その他に水循環装置用の動力電源が必要になる。

　照明の配置は、計画の内容によって、適切な光源の種類、灯具の地上高、さらに昼間の視覚的効果などを勘案して、必要な位置に適正な照度が分布するように検討する。

　照度分布図は、各電器メーカーのカタログの中に設計資料があるの

で、これを参考にしておよその見当をつけることができるが、詳細な設計が必要な場合は、電気設備の設計士に依頼することもある。

　また、電気は照明用だけでなく、噴水ポンプなどのモーターを動かすために、やや高圧（400ボルト程度）の動力電源が必要となる場合もある。

◇**受電方式**

　敷地内へ電気を引き込むには、一般に、敷地内に引込柱を立てて、近くの電柱から分岐した電線を引き、メーターを経由して分電盤に引き込む。

　電気も上水道と同じく、メーターまでが電力会社の管轄で、そこから先は利用者側の範囲となる。

　使用電力料金の算定には定額式と従量式があり、公共施設の街路灯や公園灯などの場合には、メーターを付けない定額式のケースもある。従量式とは、一般家庭と同様にメーターで電力使用量を計る方式である。

　分電盤は、通常、金属製のボックスに納められ、地上に自立させたり、管理事務所や公衆トイレなどの建築に付随させたりする。この中には、漏電ブレーカーやタイマーなども組み込まれる。

◇**配電系統**

　各施設までの配線は、分電盤から地下の電線管の中を通し、分岐点には結線や点検のためにハンドホール（桝）を設ける。

　各施設への配電系統は並列式にする。直列式にすると、途中の電球が切れた場合に、同一系統のすべての電力供給が止まってしまうからである。

C.S.10 設備計画

　敷地の北西端が最もレベルが高いので、給水は北側から取り込み、トイレと手洗い器のほかに、植栽管理や清掃のための散水栓に接続する（図3·11）。

　排水は逆に最もレベルの低い南東端で排出するのが望ましい。また、この地域は下水が分流式になっているので、雨水と汚水の排水系統を分けなければならない。雨水を集めるために、図4·16（p.150）にあるような排水枡を設置する（図3·12）。

　電気は、北東角の電柱から、敷地内に引込柱を建てて引き込み、トイレの壁面に設置した分電盤を経由して、地下埋設で各照明施設に配線する（図3·13）。

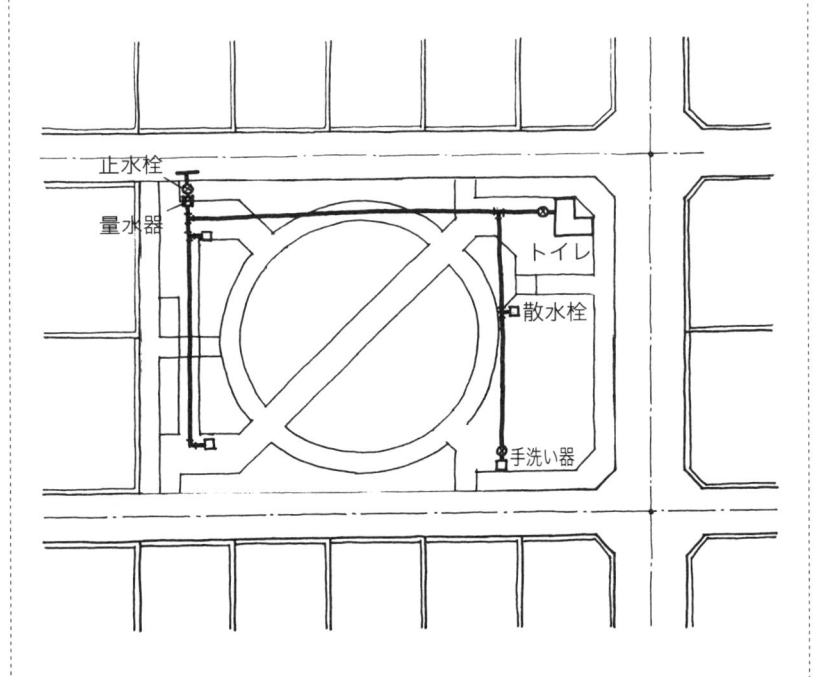

図3·11　給水系統図

3章 計画・設計のプロセス

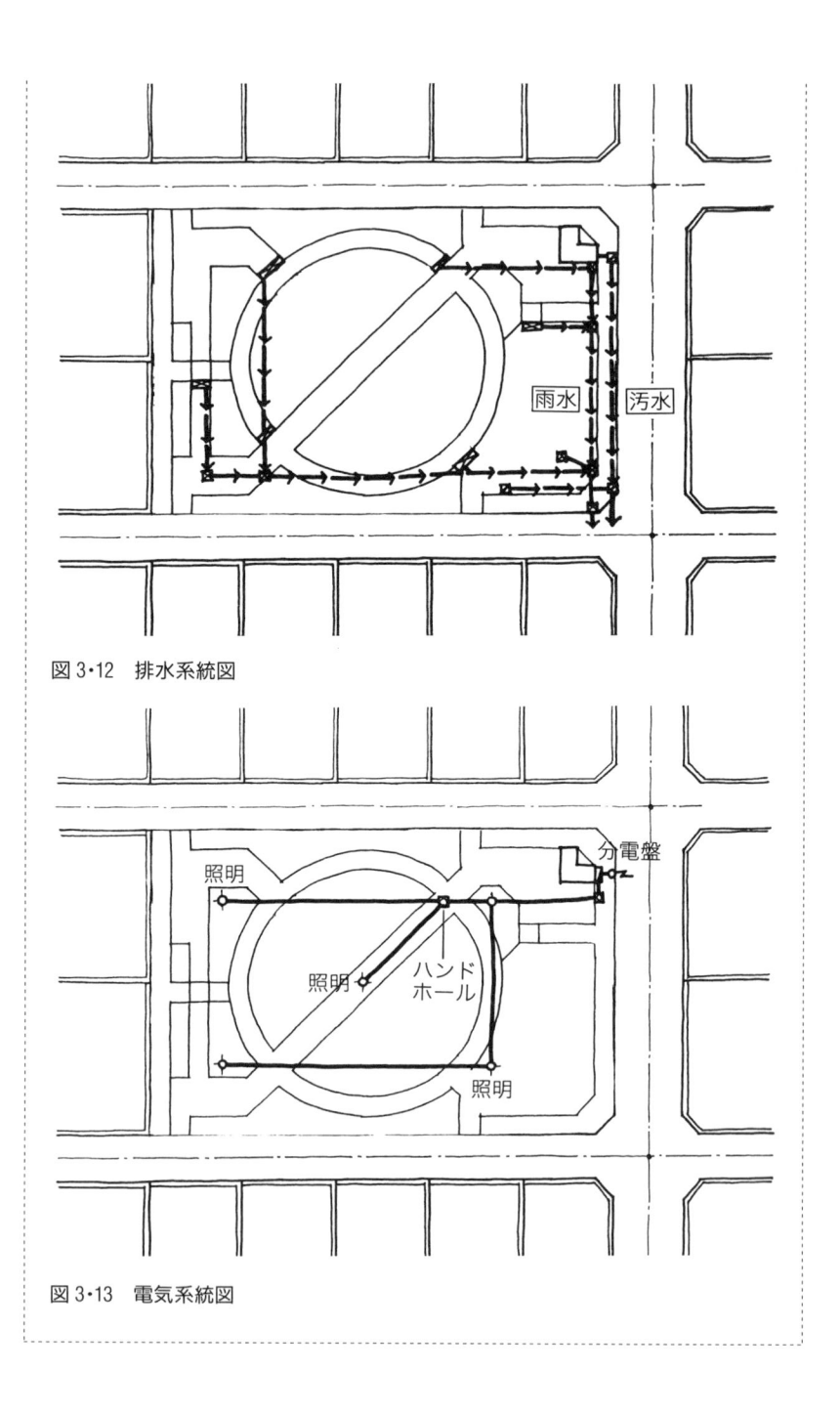

図3・12 排水系統図

図3・13 電気系統図

4. その他

　その他、電話線や信号機などの通信線、消火栓の配管や防火水槽なども地下に埋設されている場合があるので、特に、街路の設計などにあたっては、事前に十分調査しておく必要がある。都市ガスが整備されている地域では、ガス管も道路の地下に埋設され、上水と同じくメーターまでがガス会社の管轄でその先は利用者の管轄となる。

　以上のほかにも地下にはさまざまな設備配管が埋設されているので、地表だけを見て設計を進めると、後になって思わぬ障害が発生することもある。

　マンホールや枡の蓋は舗装パターンと大きく関係するものであり、十分な注意が必要である。最近では「化粧蓋」といって、周囲の舗装材と同じ素材で枡蓋の表面を仕上げたものがあるが、点検などで開けられた後に妙にずれたままになっていて、かえって醜い例もよく見かける。

　植栽地の地下に設備配管を埋設する場合には、樹木根の成長によって配管が破損することもありうるので、高木の根元には近づけない方がよい。

3・7 設計のまとめ

1. 総合平面図の作成

　総合平面図は、これまでに検討してきたすべての要素を描き込んだ平面図であるが、地下埋設管などは、図面が煩雑になるのでここでは表現しない。

　必ずしも定規図でなくてもよいが、各部のスケールは正しく表現し、主要な箇所の素材（舗装材など）や寸法を記入する。図上における植栽樹木の枝張りは、実際に植栽する時点での寸法ではなく、植栽してから約5年後くらいの姿を想定して表現する。できれば、陰影を描き加えて立体感を表したり、着色をしたりすると、より効果的になる。

2. 完成予想図の作成

　実際の業務では、完成予想図をプロのパース屋さんに依頼することもあるが、できるだけ設計者自らが描くようにしてほしい。パースを

描くことによって、計画案の問題点に気づくこともあるし、何よりもそれを計画案にフィードバックできる効果もある。

そういう意味で、完成予想図はすべての計画ができてから描くのではなく、計画を進めるプロセスの中で、そのつど描きながら検討材料にするべきである。そうすれば、最終段階で改めてパースを描き起こす必要はなく、それまでのスタディ・パースに手を加える程度で、基本計画レベルの完成予想図として、十分に通用するものとなる。さらに着彩をすると、よりリアルな表現になる。

C.S.11　総合平面図と完成予想図

これまでに検討した内容を総括した「総合平面図」の作成では、青鉛筆による下描きの上にトレペを重ねて、製図用ペンで、計画内容をよりわかりやすくするように、できるだけリアルな表現を用いる。施設や植栽などに陰影をつけると立体的に見え、さらに着色すると、より一層効果的である（図3・14）。

「完成予想図」のパースの描き方は、第2章で説明したとおり、いくつかの図法があるので、描きやすい方法を選べばよいが、敷地内だけの表現にとどまらず、周囲の道路や隣接する建物等もある程度描かないと、いわゆる「空飛ぶジュータン」のようになってしまう。また、スケール感や雰囲気を表わすために、人や自動車などの添景物を描き込むとよい。着色が効果的なのは言うまでもない（図3・15）。

なお、近ごろは、平面図もパースもパソコンに取り込んで着色する方法が多く使われるようになったが、あくまでも、手描きの味わいを大切にすると、温かさが伝わる（裏表紙のパースは、この方法で着色したものである）。

3章 計画・設計のプロセス

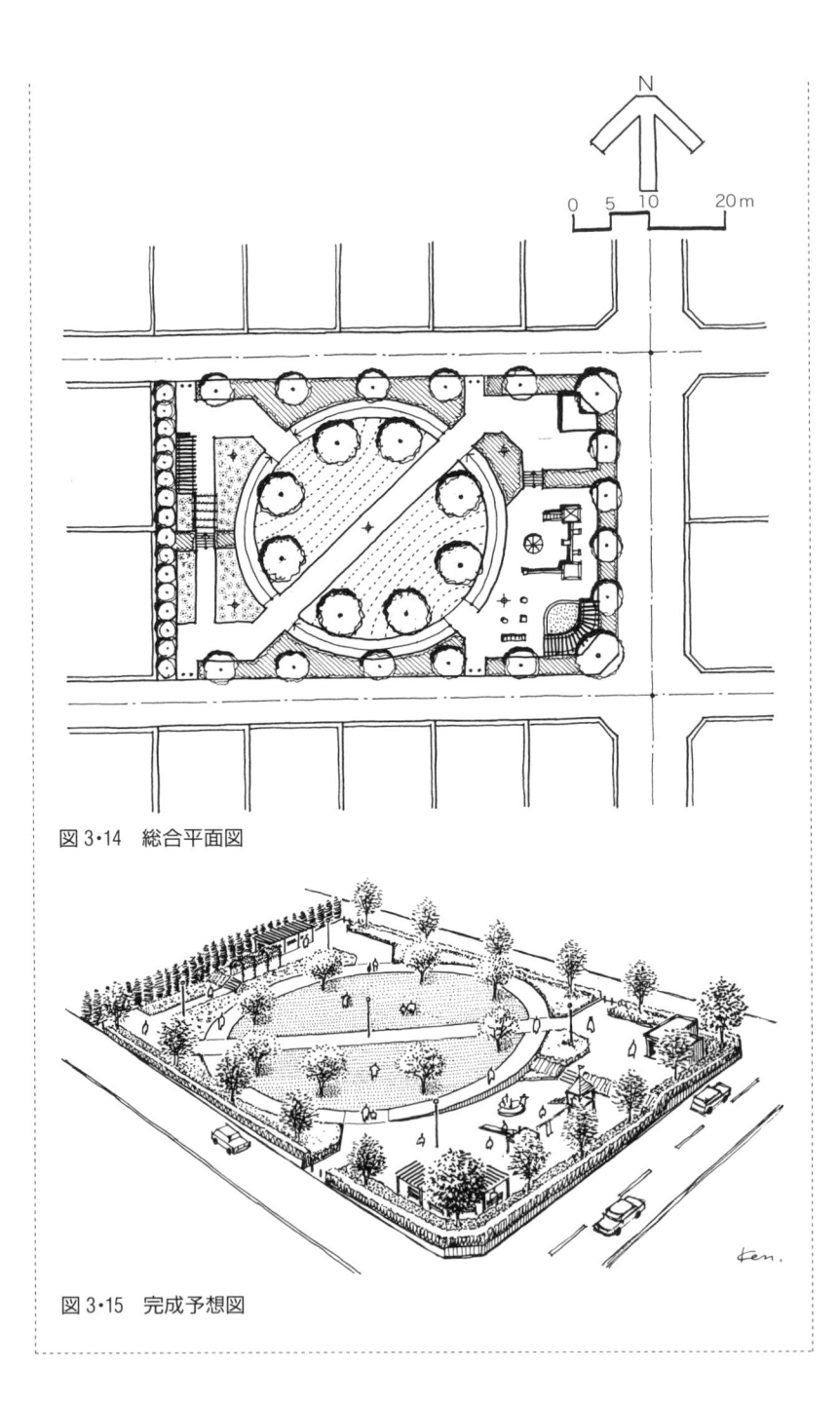

図3・14 総合平面図

図3・15 完成予想図

3・8
工事費の概算

　以上で一通りの計画案ができ上がるわけであるが、最後に、工事費が予算に適合しているかどうかをチェックする。

　実際の業務では、数量計算書を作成して、すべての工種についての単価を掛け、それに諸々の経費を足して、総事業費をはじき出す。

◆**面積の計算方法**

　数量計算の元になる各部の面積計算も、建築の場合には、比較的直線形の空間が多いので、柱芯を基準にした概略面積の算定が容易であるが、ランドスケープデザインでは曲線や複雑に折れ曲がった線を使うことが多いため、計算が面倒である。

　最近では、コンピュータのCADで作図すれば、自動的に面積計算もできるが、ここでは、手計算の方法をいくつか紹介する（図3・16）。

①メッシュカウント法

　5ミリか10ミリのメッシュ（格子）の入ったトレペ（セクションペーパーともいう）を図面にかぶせて、曲線部分をメッシュの形に置き換え、その「桝目の数」×「1桝の面積」で割り出す方式である。仮に、縮尺が1/200の図面に、5ミリのメッシュを使用する場合、1つの桝の面積は1平方メートルとなり、1/1,000の図面であれば、25平方メートルということになる。

②ポイントカウント法

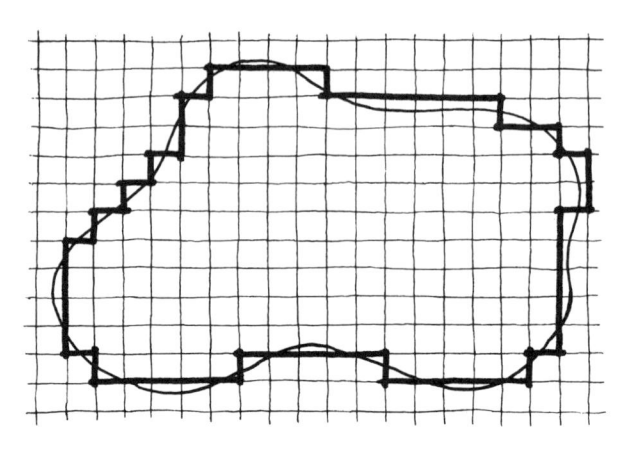

①メッシュ
　カウント法

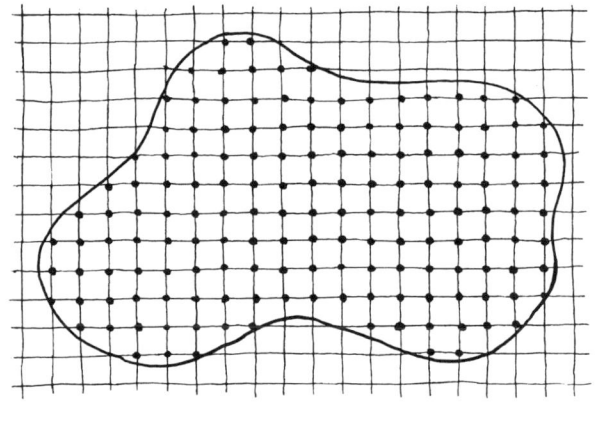

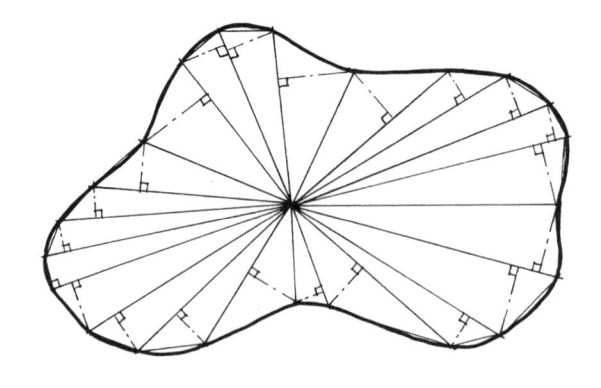

②ポイント
　カウント法

③三斜法

図3・16　面積の計り方

この方法は、基本的にはメッシュカウント法と同じような方法であるが、メッシュの形に置き換えず、各メッシュの交点を一つの点に見立てて、面積を計ろうとする部分に入っている点の数を数え、「その交点の数」×「1桝の面積」で割り出す方法である。

③三斜法

　複雑な形の中を複数の三角形に分割してその面積を計算する方法であり、実施設計では、いまだにこの方法を指定されることもある。

　計算式は、$\Sigma\{(底辺長)\times(垂線長)\}\div 2$ である。

　以上のほかにプラニメーターという、変形部の面積を計るための機械もあり、曲線の延長を計るには、キルビメーターという機械を使う方法もある。

◇工事費の計算

　実施設計に伴う工事費の計算は、すべての材料や施工費を細かく算定するので非常に膨大な資料になるが、基本計画や基本設計の段階では、使用材料と施工費を合わせた単価を掛けて算出する。例えば、舗装工事であれば、仕上げ材料と路盤などの仕様を決め、その施工費を足して、1平方メートル当たりの「材工費」を算出し、それに面積を掛けて計算する。一般に普及している工種に関する「材工費」は、定期的に出版される「積算資料」から拾い出すこともできる。

　また、ベンチや照明器具などの、いわゆる二次製品を使用する場合には、メーカーに設置費込みの見積もりを依頼し、それに使用個数を掛けて計算する。

　一通りの計算の結果、予算を上回っていれば、調整が必要になる。削減の手段には、数量（面積や個数）を少なくする方法と、それぞれのグレードを下げて単価を安くする方法があるが、あくまでも意図する計画イメージを尊重して検討しなければならない。

C.S.12　工事費の概算

　基本計画段階での工事費概算書は、通常以下のような表にまとめる（表3・1）。

工　種	数量	単位	単価(円)	金額(千円)	備　考
整地工	2,400	㎡	300	720	
園路広場舗装工	506	㎡	7,000	3,542	透水性脱色アスファルト
遊具広場舗装工	324	㎡	1,000	324	石灰岩ダスト
斜路工	238	㎡	10,000	2,380	
階段工	2	箇所	200,000	400	
植栽（1）	2	本	30,000	60	常緑高木
植栽（2）	22	本	20,000	440	落葉高木
植栽（3）	16	本	10,000	160	常緑中木
植栽（4）	475	㎡	6,000	2,850	低木混植（9株/1㎡）
植栽（5）	600	㎡	800	480	コウライシバ
植栽（6）	130	㎡	1,600	208	花壇
パーゴラ（A）	1	式	2,500,000	2,500	
パーゴラ（B）	1	式	3,000,000	3,000	
ベンチ	6	基	150,000	900	コーナータイプ
遊具	1	式	5,000,000	5,000	
トイレ	1	式	7,000,000	7,000	
手洗い器	1	基	400,000	400	
車止め	4	箇所	30,000	120	
照明	5	基	400,000	2,000	
給水設備工	1	式	150,000	150	
排水設備工	1	式	200,000	200	
電気設備工	1	式	1,000,000	1,000	
直接工事費計				33,834	①
諸経費				16,917	①×50%
総工事費				50,751	

表3・1　工事費概算書

3・9 プレゼンテーション

　これまでに進めてきた計画案を、発注者（施主）や利用者（地域住民）に説明するために、そのプロセスをわかりやすく整理する。それらの内容は、この時点で改めて作成するのではなく、いろいろと検討する過程でつくられたものを整理すればよい。

　最後の完成予想図なども、途中で検討するために描いたものを、最終案の形に合わせて手を加える程度で十分である。

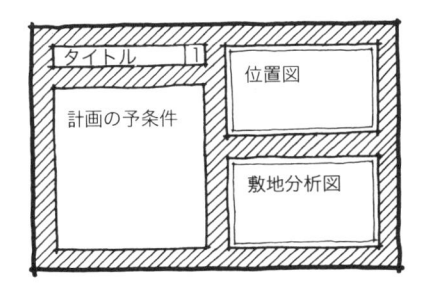

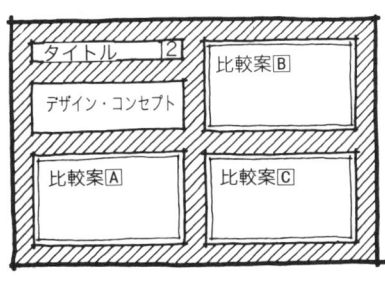

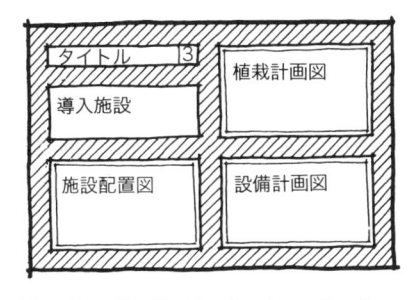

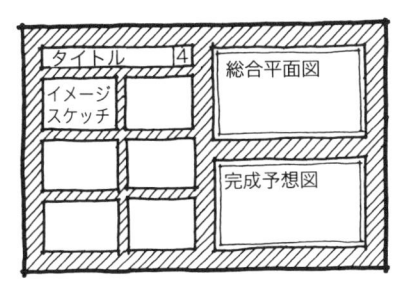

図3・17　プレゼンテーション・ボード

プレゼンテーションとしては、説明のしやすさを考えて、諸々のペーパーをA1かA2サイズのスチレンボードに張り、計画のタイトルや日付、設計者（学生）の氏名などを記入する（図3・17）。

▲
/break\

若気の至り

　私が最初に就職した土木設計事務所は、高速道路とその付属施設の設計が専門で、私は主にサービスエリアなどの施設の設計を担当していました。

　土木設計の世界では、標準設計という志向が強いのですが、私は知らない者の強みで、しょっちゅう何か変わったことをしては、褒められたり、叱られたりした覚えがあります。

　例えば、打合せに、パースや模型を持って行ったところ、当時の道路公団の人が気に入って、他の事務所にもそのようなものを要求し、私の社長が、他の事務所から「余計なことをするな」と言われたそうです。

　そのあげくに、私の所で、他の事務所の仕事のパースを描いたり、模型をつくらされたこともあります。

4章

エレメントの基礎知識

- **4・1** 植物
- **4・2** 舗装材
- **4・3** 休憩施設
- **4・4** 水景施設
- **4・5** 照明施設
- **4・6** その他の街具、修景施設
- **4・7** 各種構造物

4章 エレメントの基礎知識

　ここでは、ランドスケープデザインに関わる様々なエレメント（element＝要素・素材）の中で、最小限知っておいてほしいものを紹介します。

　まえがきの中で、身のまわりのすべての環境がランドスケープデザインの対象になると書きましたが、そういう意味では、身のまわりのすべての要素がランドスケープ・エレメントであるとも言えます。

　中で例示している図は、そのままトレースして設計図に使えるものというよりも、あくまでも「こんなもの」と理解してもらうためのものです。

　決して十分な内容とは言えませんが、これらを基本にして、将来、実際の設計に関わる過程で、さらに多くの知識を習得し、優れたデザインに役立ててください。

4・1
植物

　ランドスケープデザインにおいて、植物は単なるエレメントである以上に重要な要素である。

　植物を植えることを植栽というが、植物は他のエレメントと違って自然物であることから、工業製品のように同質、同型の規格では存在せず、また、生き物であるから、成長、変化を前提に考えなければならない。

　植物の種類に関しては、数々の図鑑や専門書が出版されているので、ここで詳しくは説明しないが、植栽による空間イメージを検討する上で、一応次のような基礎知識は必要である。

　なお、最終的な植栽樹種の選択にあたっては、計画における視覚的なイメージだけでなく、その土地の気象条件や土壌条件等を考慮することを忘れないように。

1.　植物の機能

◇環境保全機能
①酸素の供給
　植物は空気中の二酸化炭素（炭酸ガス）を吸収して、酸素をつくり

だす働きがある。
②大気の浄化
　葉が空気中の煤煙やほこり等を吸着して浄化する。
③地球温暖化の抑制
　二酸化炭素の量を減少するとともに、太陽の輻射熱を吸収することによって、気温の上昇を抑制する。
④保水機能
　降水の一部を葉や根元に溜め、水源を涵養（かんよう）する。
⑤野生生物の生息環境の提供
　樹液や木の実、葉などが野生生物の食料になるとともに、棲処（すみか）ともなる。

◇防災機能
①防風、防塵、防雪、防砂、防潮
　強い季節風から家屋をまもる屋敷林、海からの潮風や飛砂を防ぐ防砂林、防潮林など。
②防火
　火災の延焼をくい止める効果がある。阪神淡路大震災による火災で、その効果が改めて見直された。
③防音
　ある程度の幅を持たせた樹林帯によって、騒音を軽減させる。
④浸食防止
　樹林や竹林はもちろん、芝張りでも斜面の表土流出や、地滑りなどを防止する効果がある。

◇修景機能
①演出効果

柔らかな樹形や葉の緑、さらにいろいろな花によって環境を美しく演出する。春の桜や秋の紅葉はその代表的なものである。

②癒し効果

環境に潤い感をもたらし、人に精神的な安らぎを与える。

③強調効果

大きく美しい樹形は、ランドマーク（目印）の効果がある。

④遮断効果

生け垣や密植された樹林地によって、ソフトな感じで領域を区切ったり、視線を遮ることができる。

⑤誘導（動線の演出）効果

並木や低木の列植によって車や人の動線を誘導する。

⑥緩和効果

建物や構造物の堅さをやわらげる（図4・8）。

2. 植物の特性

◇素材としての特性

①環境条件

生物としての生育環境を求める。

②個体差

同じ種類でも個体によって性質や姿に違いがある。

③季節変化

季節によって色彩や姿に変化が生じる。

④維持管理

生物としての維持管理を必要とする。

◇形態上の特性

①樹高

　植物は通常、種子が発芽して時とともに成長するものであり、人間や他の動物に比べると、その変化の度合いが大きい。植栽計画においては、便宜上、成木が建物の１階軒高より高くなるものを高木(こうぼく)、せいぜい１階軒高程度で止まるものを中木(ちゅうぼく)、人の腰高くらいのものを低木(ていぼく)に分け、シバやコケのように地表を被うものを地被(ちひ)と呼ぶ。最近では、地被のことをグラウンドカバーとも呼び、ササ類やシダ類、ツル性植物、多年生草本植物も普及してきた（図4・1）。

②樹冠の形

　植物はすべてが独自の姿をもっているが、大きく捉えれば、樹種によって特有の樹冠形状となる。植栽のイメージを検討する上では、あまり多くのパターンを想定してもまとめにくいので、図4・2の4タイプくらいに分けて考えるとよい。

③幹の形

　通常の樹木は、地表から幹が立ち上がり、上部にいくにしたがって細かく枝分れするが、幹の分かれ方によって、全体の樹形も違ってくる（図4・3）。

④葉の形

　葉の形は、マツやスギなどの針のような形のものを針葉と呼び、それ以外のものを広葉と呼ぶ。広葉は、いわゆる木の葉形をしたものだけでなく、カエデやヤツデのように人の手のひらみたいな形や、イチョウのような扇形、ヒイラギのようなトゲトゲしたものなど、さまざまな形のものがある。

◇性質上の特性

①常緑樹と落葉樹

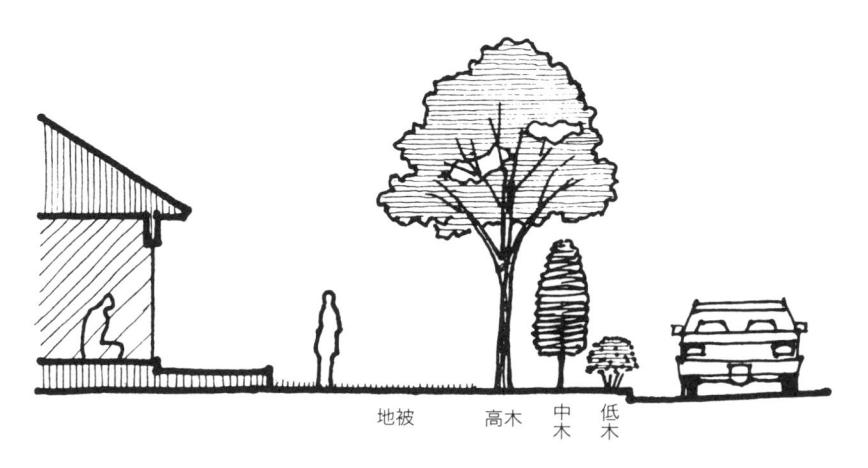

図 4・1　樹高による分類

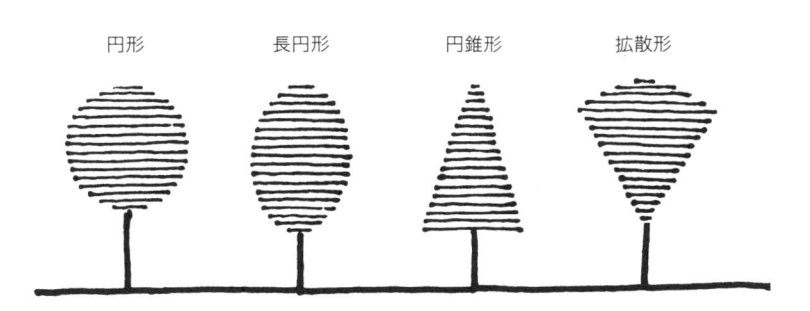

図 4・2　樹形による分類

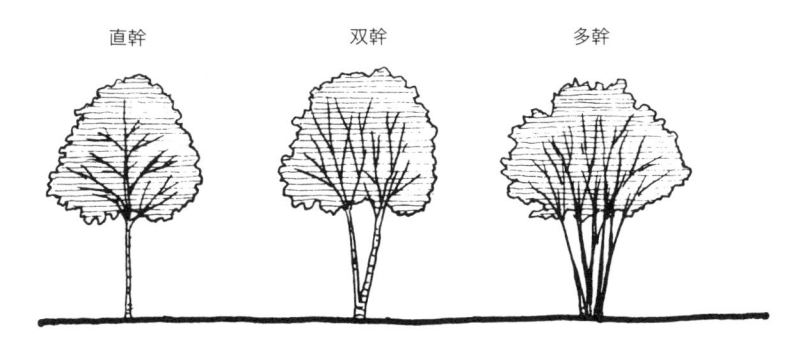

図 4・3　幹形による分類

4・1　植物

樹木は、年間を通して葉がついている常緑樹と、晩秋になると葉が枯れて落ち、冬から早春までは幹と枝だけの姿になる落葉樹に分けられる。ただし、常緑樹といえども、葉がまったく落ちないのではなく、松林の地表には枯れた松葉が堆積しているのを見てもわかるとおり、少しずつ新陳代謝していることを忘れないように。

②葉の色の変化

春の花見と秋の紅葉狩りは日本古来の風物詩となっている。この場合は「紅葉」と書いて「モミジ」と読むが、秋の落葉前に葉の色が赤や黄色になることの総称である。葉の色の変化は、秋の紅葉だけではなく、樹種によっては春の新葉が赤く色づくものもある。

③花が咲く

桜に代表されるように、花の咲く樹木も多い。樹種によってその開花時期も異なるとともに、花の色にもさまざまある。

④実が成る

柿や葡萄のように、人が食べる果実だけでなく、野生生物たちにとっての餌になる実を付ける樹種も数多くある。また、食用としてではなく、鑑賞用として使う実の成る木も多い。

⑤匂いがする

植物そのものの匂いもあるが、花が強い匂いを放つものがあり、その独特の匂いによって季節を感じさせる。

⑥耐性のちがい

樹種によって、それに適した環境と適さない環境がある。日当りの良い場を好むものを「好陽性」といい、日陰に強いものを「耐陰性」という。乾燥した土地でも育つものを「耐乾性」といい、ジメジメした土地でも強いものを「耐湿性」という。潮風に強いものを「耐潮性」といい、車の排出ガスなどに耐えるものを「耐煙性」という。

3. 樹木の形状寸法

　植栽計画では、樹木の種類だけでなく、その樹木の形状寸法というものを指定する。寸法は図4・4のように、樹高（H）、枝（葉）張り（W）、幹周りまたは目通り（C）、の数値を示す。「目通り」とは造園用語で、樹木の幹まわりのサイズを人の目の高さの位置（地上から約1.2メートル）で計った数値である。

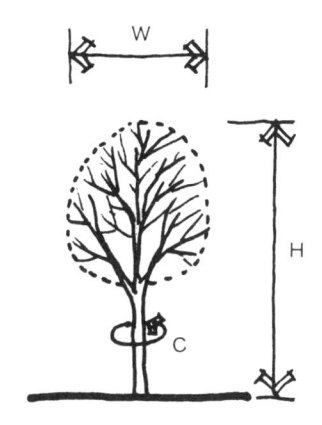

図4・4　形状寸法

　植栽計画では、植物の種類を片仮名や平仮名の記号で表記し、次のような表に整理する。

植栽数量表　　　　　　　　　　　　　　　　　　　　（形状単位＝m）

記号	名称	H	W	C	数量	備考
ケ	ケヤキ	4.5	2.0	0.5	4	直幹
ハ	ハナミズキ	3.0	1.5	0.3	2	白1、紅1
く	クス	5.0	2.5	0.5	1	シンボルツリー
さ	サザンカ	2.0	0.5	0.2	10	生垣用

設計図上では、植物名は片仮名で表記するのが一般的であるが、記号は落葉樹を片仮名、常緑樹を平仮名で表記することが多い。

4. 地被、草本類

地被植物や草本類は、ややもすると脇役的な扱いで軽視される傾向があるが、豊かな環境づくりにおいては忘れてはならない。

機能や特性としては、これまでに述べた点とかなり重複するが、その扱い方には幾分差がある。

一般に、樹木といえば、造園屋さんか植木屋さんが扱う領域で、草本類は園芸の分野とみなされている。

具体的な維持管理についても、樹木に比べると、きめ細かな世話を必要とするものが多い。芝生でも、散水や除草を定期的に行わなければならないし、一年草などは毎年植え代えなければならない。さらに、耕耘（土を耕すこと）や施肥も欠かせない。

近ごろはガーデニングの普及もあって、草本類への関心も高く、多くの外来種も生産されている。ツル性植物、多年性草本植物、竹笹類、コケ、シダ類、ハーブ類、水生植物などのほか、ハイビャクシンやハマナスなどの木本低木もグラウンドカバーとして使われる。

5. 樹木の保護

樹木は生き物であるため、先に述べた「診」や「看」が必要である。

特に、移植したばかりの時には、樹勢（木の元気）が弱くなっており、根も十分に広がっていないため、枯れたり強風で倒れたりしやすい。

それを防ぐために、ネットをかぶせたり支柱で添えたりする。樹木に黒いネットがかぶせてあったり、丸太や竹の支柱が添えられているのを目にすることがあるだろう。

近ごろは街なかの街路樹や気取った感じの広場に植えられた樹木には、従来の丸太支柱ではなく、金属パイプでデザインされた支柱も多く見かけるようになった。

支柱は、樹木の根が十分に育った後は取り外してもいいのだが、長くそのままにしてあって、幹に食い込んでいるようなケースを見かけることもあるが、あれは本末転倒といえる。

地上に支柱を立てたくない場合には、地中アンカー方式といって、

鳥居形支柱　　八ッ掛支柱　　布掛支柱

ワイヤーブレース　　方杖　　ツリーサークル

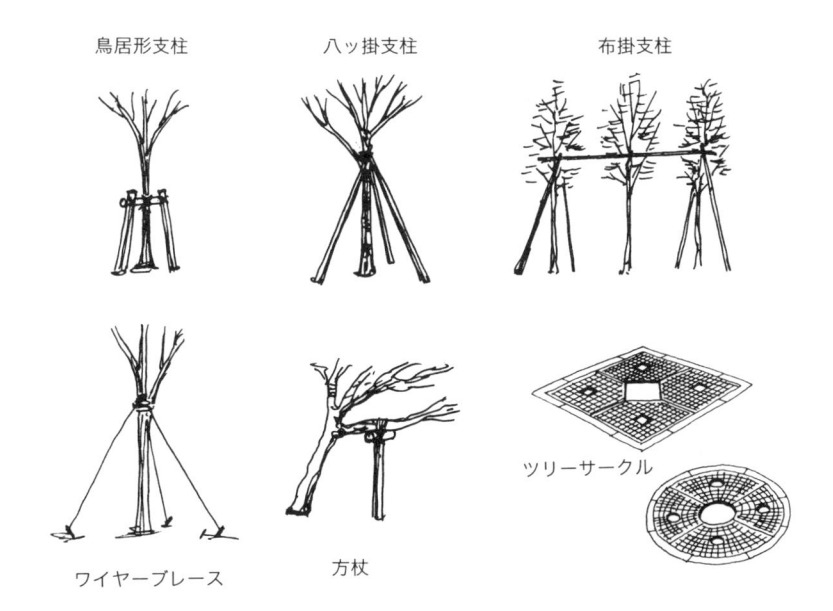

図4・5　樹木の保護材

根の部分をナイロン製のバンドで縛って、そのバンドの先を金属の杭やプレートに固定する方式もある。

また、人通りのある歩道や広場に植えられた樹木の足元周りには、通称ツリーサークルと呼ばれる、金属製やコンクリート製の格子板が設置されているが、それは、樹木の根の周りの土が踏み固められないように保護するためのものである。丸形や角形、サイズもいろいろあるので、周囲の舗装材との調和を考えて選択する（図4・5）。

6. 建築緑化

近年、地球温暖化防止や、都市のヒートアイランド現象の抑制のために、建築の屋上や壁面の緑化が積極的に進められるようになってきた。できれば、建築の構造も最初から緑化することを前提にした設計が望ましいが、従来の建築に後から緑化を加える工法も、かなり進んでいる。

その際、屋上の防水および排水とスラブなどに対する構造強度に十分な配慮が必要である。

屋上には防水処理が施されているので、これを破損しないことと、浸透した雨水や灌水をルーフドレーンや雨樋までスムースに誘導するように考えなければならない。

また、土や植物の葉が水を含むと相当な荷重になるので、屋上スラブの耐荷重を十分に検討しなければならない。人工地盤上や屋上緑化のために開発された軽量土壌もある。

屋上は風の影響が大きいので、高木を植える場合には、転倒防止のためのアンカー方式に十分な配慮が必要である。

乾燥を防いで植物に必要な水分を供給するための灌水設備も忘れてはならない。簡単な方式としては、随時、人の手によってホースなどで水をまいてもよいが、下の路を通る人に飛沫がかかったりする恐れがあるので、ドリップ方式といって、細かい穴の開いたホースやパイプを地表や地中に這わせて、水をにじみ出させる方式を採用することが望ましい。この際、バルブにタイマーをセットすれば、定期的な自動灌水装置として便利である（図4・6）。

　建築緑化には、屋上のほかに、壁面を緑化する方法もある。これは、特に最近のように環境問題がクローズアップされる以前からあるもので、「ツタの絡まるチャペルで……」というフレーズの入った歌謡曲が流行した時代もある。

　壁面緑化には、ツル性植物を使用することが多い。これには、下から上に伝わせる「登はん式」と上から垂らす「下垂式」があり、それぞれに向いた種類のものを選択する（図4・7）。

　登はん式の場合には、補助資材として、壁面から5センチほど浮かせてステンレス・ワイヤーを張ると美しくて効果的である。ネットフェンスの金網やナイロン・ネットを使う方法もある。

　下垂式の場合には、垂れた植物が風で揺られて、壁面にワイパーで擦ったような傷がつくので、塗装した壁面には適さない。

　いずれの場合にも屋上緑化と同様に、灌水方式の検討も必要である。

　壁面緑化のように、建築や土木構造物に植物を直接絡ませるのではなく、その前面に植栽することによって、背後にある壁面の露出度をコントロールする方法もある（図4・8）。

ルーフドレーン

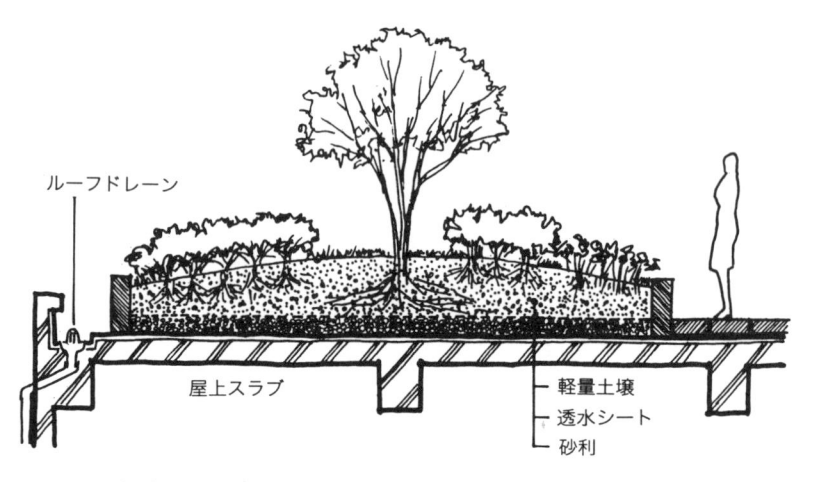

軽量土壌
透水シート
砂利

屋上スラブ

図4・6　屋上緑化

外壁
アンカー
ステンレス・ワイヤー

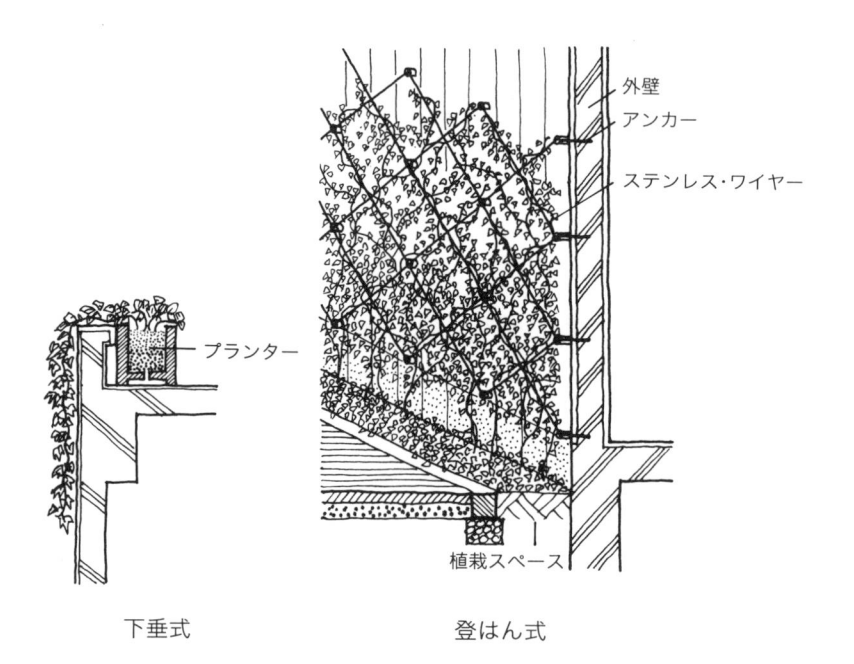

プランター

植栽スペース

下垂式　　　　登はん式

図4・7　壁面緑化

4章　エレメントの基礎知識

建物や構造物

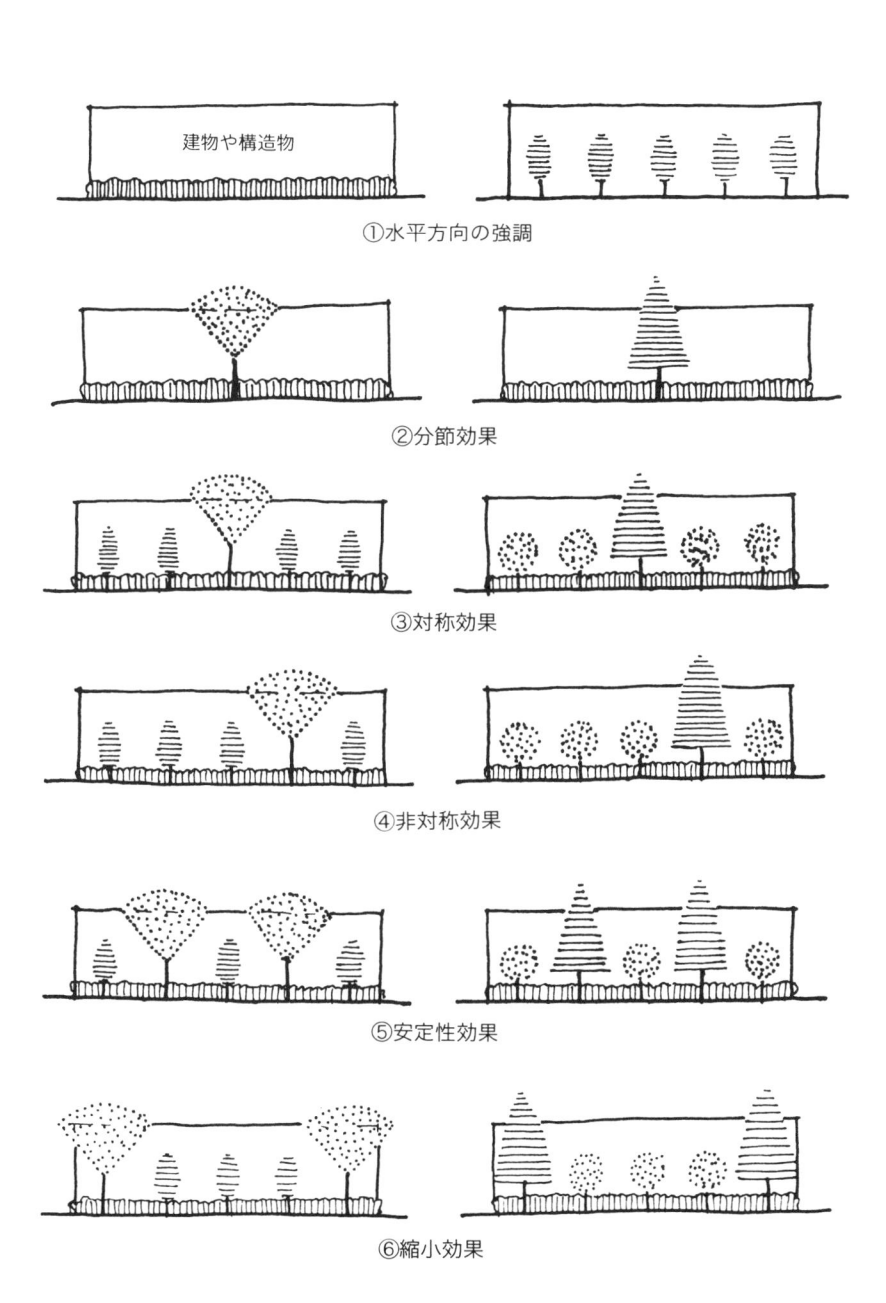

①水平方向の強調

②分節効果

③対称効果

④非対称効果

⑤安定性効果

⑥縮小効果

図 4・8　緩和植栽

4・1　植物

4・2
舗装材

　「地と図」という言葉を聞いたことはあるだろうか。絵画に例えると、「地」とは画用紙やキャンバスに当たり、「図」は文字どおり描かれた絵の部分に当たる。ランドスケープデザインは、広い意味では環境の中の「地」をつくる仕事と言えるが、その中でも舗装材は実際に「地」を形成するエレメントである。

　舗装材を選択するには、まずその場所の使われ方を明確に把握しなければならない。車道であれば、人や自転車だけが通る遊歩道などに比べて、はるかに強度のある材質が求められ、テニスコートや運動場には、それぞれの運動に適した弾力性のある舗装材が必要である。

　また、その場所の環境にふさわしい材質や色彩の選択も重要であり、どのような施工方法が適しているかも考えなければならない。

　つまり、舗装材は性能による分類、材質による分類、施工方法による分類ができるが、さらに現実的にはコスト比較も重要な選択肢となる。

　最近は舗装材の種類も非常に多くて、各メーカーもさまざまな特長をアピールして売り出しているので、それらのセールスポイントをよく考慮して決定する。

1. 舗装材の分類

◇性能による分類

①弾力性

- 硬い（コンクリート製品やタイル、石など）
- 軟らかい（アスファルト製品、ゴムチップ、ウッドチップなど）

②滑り性

- ツルツルしている（タイルや磨いた石など）
- ザラザラしている（ショットブラスト加工の石など）

③排水性

- 透水性（水が浸み通る性質のもの）
- 非透水性（タイルなどのように、水を通さないもの）

◇材質による分類

①アスファルト系

　アスファルト・コンクリート（略してアスコン）

②セメント系

　セメント・コンクリート（通称コンクリート）

③石材系

　ミカゲ石、大理石、鉄平石、砂岩など

④焼き物系

　陶器質タイル、せっ器質タイル、磁器質タイルなど

⑤土石系

　砂利、砕石、石灰岩ダスト、クレイなど

⑥木材系
　木レンガ、コルク、オガクズ、木チップなど
⑦化学製品系
　エポキシ、ポリエステル、ポリウレタン、アクリル、塩化ビニールなど

◇施工方法による分類
①敷き均し工法
　現場で舗装材を敷き均し、転圧して仕上げる。
②流し込み工法
　現場で型枠を設置して、その中にコンクリートなどのドロドロした材料を流し込み、乾燥させて固める。
③敷き並べ工法
　天然石やコンクリートブロックなどを敷き並べる。古来からある石畳などはこの工法である。
④接着工法
　タイルなどをコンクリート下地の上にモルタルで接着して仕上げる。
⑤塗装工法
　化学製品系の舗装材をアスコンやコンクリート下地の上に塗布したり吹き付けたりして仕上げる。

2. アスファルトとコンクリート

　舗装材として最も多く使用されているのはアスファルトとコンクリートである。

正式な名称は、前者がアスファルト・コンクリート（略してアスコン）、後者はセメント・コンクリートであるが、どういうわけか、これを略してセメコンとは呼ばず、ただコンクリートと呼ばれている。そもそも、「コンクリート（concrete）」とは「固める」と訳され、アスファルトやセメントで固めたものという意味である。したがって、私は、後者を略すなら「セメコン」と言うべきであろうと思うが、ここでは、一般の言い方にしておこう。

　通常、アスファルト舗装は黒っぽく、コンクリート舗装は白っぽいイメージであるが、見た目の違いより、双方の性質の違いを知っておく必要がある。

　まず、アスファルト舗装は、熱で軟らかくしたもので、冷えると固まるが、弾力性があるため、「たわみ性舗装」と呼ばれる。それに対して、コンクリート舗装は、水を混ぜて軟らかくし、乾燥するとカチカチに固まるため、「剛性舗装」という。また、両者を混合させた「半剛性舗装」あるいは「半たわみ性舗装」という工法もある。

　コンクリート舗装は、硬いために割れやすく、重い荷重がかかる所では中に溶接金網（鉄筋を縦横に溶接したもの）を入れる。さらに、気温の変化によって膨張収縮があるため、約20平方メートルピッチで伸縮目地を入れる必要がある。この伸縮目地と、表面に張るタイルの目地を合わせないと、タイルの破損や剝離の原因になるので注意しなければならない。

3.　標準的な舗装断面とパターン

　一般に舗装は、その表面だけが人目につくため、あまり知られてい

ないが、設計をする上では、その下の部分がどうなっているのか、ある程度の知識は必要である。

図4・9に示す断面図は、ごく標準的な構造であり、実際には、上部の交通量や荷重に対応した構造になる。

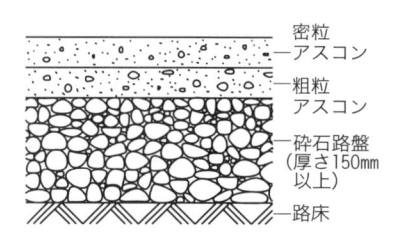

アスファルト舗装の断面
- 密粒アスコン
- 粗粒アスコン
- 砕石路盤（厚さ150mm以上）
- 路床

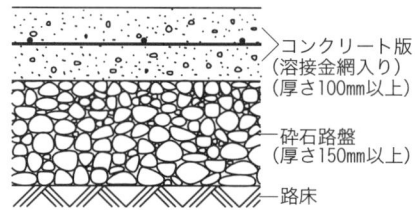

コンクリート舗装の断面
- コンクリート版（溶接金網入り）（厚さ100mm以上）
- 砕石路盤（厚さ150mm以上）
- 路床

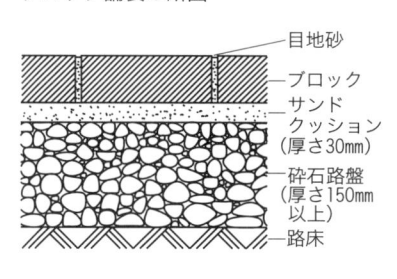

ブロック舗装の断面
- 目地砂
- ブロック
- サンドクッション（厚さ30mm）
- 砕石路盤（厚さ150mm以上）
- 路床

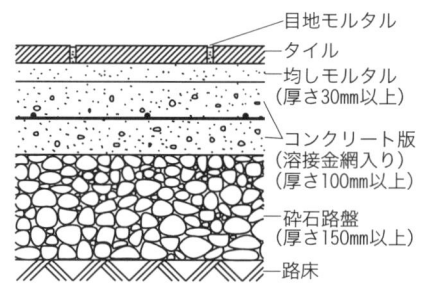

タイル舗装の断面
- 目地モルタル
- タイル
- 均しモルタル（厚さ30mm以上）
- コンクリート版（溶接金網入り）（厚さ100mm以上）
- 砕石路盤（厚さ150mm以上）
- 路床

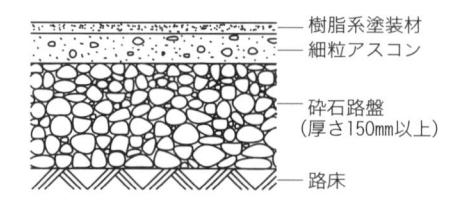

樹脂系舗装の断面
- 樹脂系塗装材
- 細粒アスコン
- 砕石路盤（厚さ150mm以上）
- 路床

図4・9　舗装断面図

タイルやブロックにはいろいろなサイズや形状、色彩があり、その組み合わせや並べ方によってさまざまなパターン表現が可能である（図4・10）。

　サイズは、10〜45センチ程度のものが一般的である。長方形のものでは45×90センチといった大判もあるが、あまり大きいと割れやすくなるので、施工には注意が必要となる。

　形状も、正方形、長方形、六角形、八角形とさまざまあるが、ここでは、縦横比が2：1の長方形ブロックを使った舗装パターンをいくつか例示する。巴形の中の正方形の部分は、ブロックでもよいが、芝を植えて、駐車場の舗装にすることもある。

　ウロコ形は、通常、一辺が約10センチの立方体の花崗岩（通称、ピンコロ石）を敷き並べたもので、古代ローマ時代から造られており、ヨーロッパの古い街並みでは今でも至る所でみられる伝統的なパターンである。

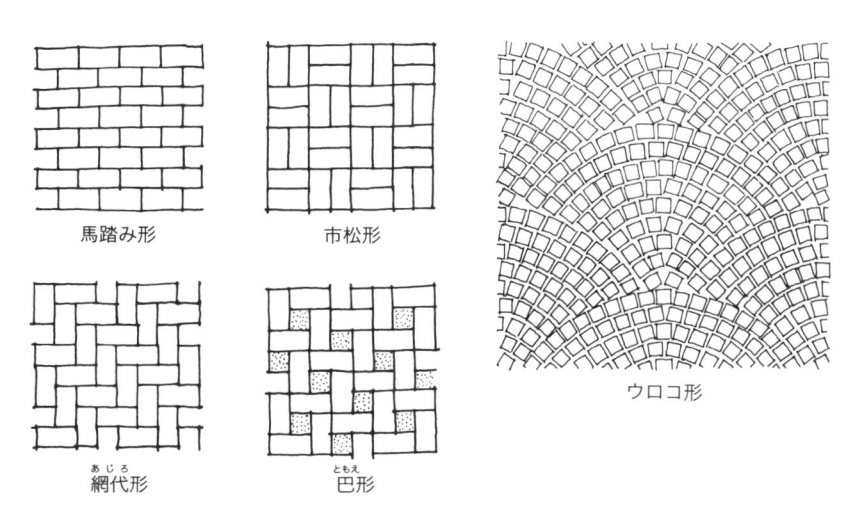

馬踏み形　　市松形　　網代形　　巴形　　ウロコ形

図4・10　舗装パターンのいろいろ

4・3 休憩施設

屋外の休憩施設（図4・11）として最も一般的なものは、ベンチ（長椅子）やスツール（丸椅子）であり、野外卓との組み合わせもある。

また、日除けや雨除けのために、パーゴラ（日除け棚）や東屋（四阿とも書く）を併設することもある。

最近は、バス停などに、立った状態で腰を掛けることができる、通称「ヒップサポーター」という、パイプ式のものも見られるようになった。

ベンチには、背もたれ付きと背もたれなしのタイプがあり、さらに、肘掛けや仕切り付きのものもある。

座面の材質は、木、金属、石、プラスチック系など、多種多様であるが、寸法的には、座面の地上高は40〜45センチ、座面の幅は約40センチ、背もたれの上端は地上から70センチ前後が一般的である。

ベンチの長さは、2人掛け用が1.2メートル、3人掛け用は1.8メートルが標準だが、どちらにも対応できる1.5メートルのものもある。

設置方式には、埋込み式、固定式と据置き式があるが、公共空間では埋込み式か固定式を用いることが多い。

パーゴラはそれ自体でも多少日除け効果はあるが、その上にさらにヨシ簾を被せることもある。また、フジを絡ませてフジ棚にすることもあり、その場合には、屋根部分は、桟木ではなく、竹を格子状に組むことが多い。

東屋は和風のイメージであるが、雨除け効果を考えた近代的なデザインのものもあるので、場所の雰囲気に合うものを選択する。

休憩という機能を満たすものは、必ずしもここで取り上げた既成の施設ばかりでなく、植栽地や池の周りに40センチほどの高さの立ち上がりをつくるだけでも対応できるので、いろいろな工夫を検討したい。

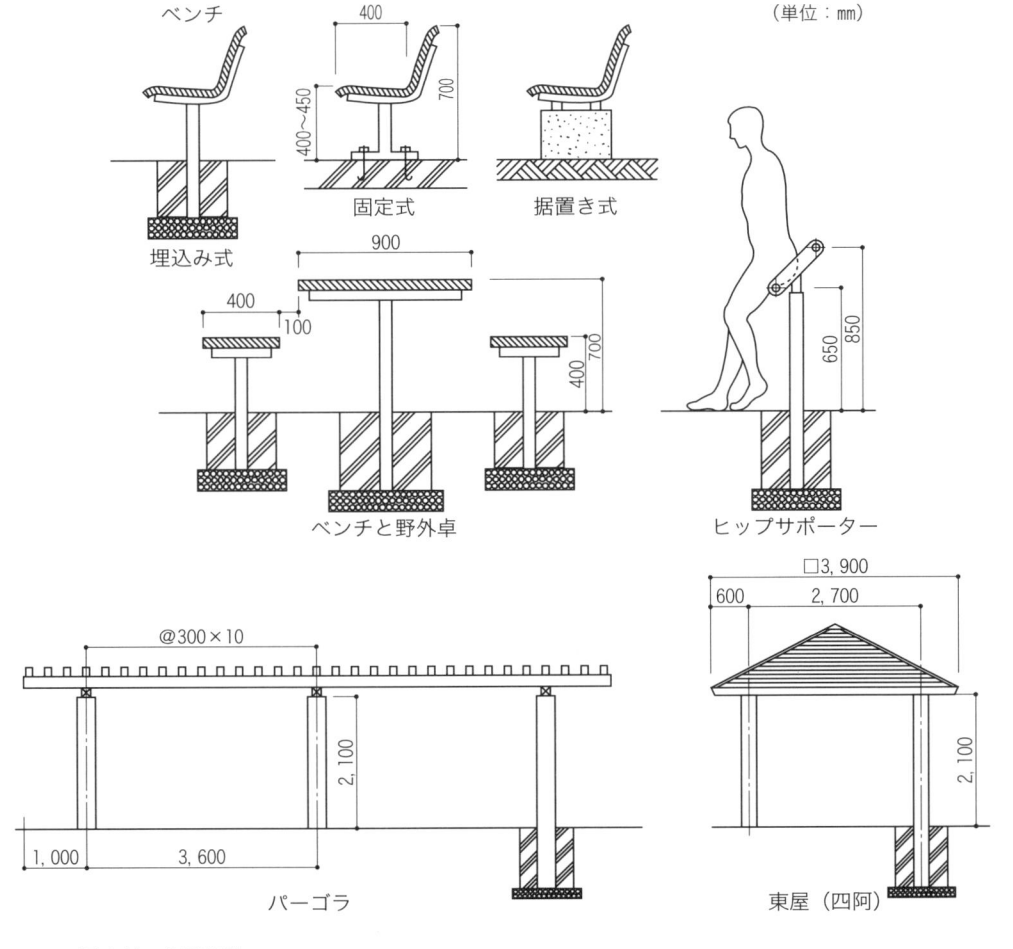

図4・11　休憩施設

4・4
水景施設

　水を演出するものが「水景施設」であり、単純に分けると、「溜める」「流す」「落とす」「吹き上げる」方式になる。これらを一般的な形で呼ぶと「池」「流れ」「滝」「噴水」である。

　水景施設の設計において最も重要なことは、防水である。防水が完全でないと、水が抜けてしまったり、下層階への漏水事故につながる。

　また、給水、排水の装置も忘れてはならない。図4・12にある「ボールタップ」とは、家庭の水洗トイレのタンクの中にあるものと同じ原理で、バルブに繋がった棒の先にあるボールが水位の変化に伴って上下し、一定の水位を保つようにバルブの開閉を自動的にコントロールする装置である。他に「電磁弁」といって、電極棒で水位を感知し、電気的な方式でバルブの開閉を行う装置もある。

　排水口は池などの最も低い位置に設けるが、満水位にオーバーフロー口を設けないと、雨の日などに水が溢れてしまうことになる。

　噴水装置や循環装置にはポンプが必要になるが、水中式と地上式がある。図に示したものは水中式であり、池の一部にポンプピットを設ける例である。当然のことながら、ポンプを作動させるには動力用の電源が必要なので、子供たちが入って遊ぶような池の場合には、万一の漏電などの事故を避けるために、地上式にする方がよい。

　噴水にもさまざまな姿があり、それによってノズルの数や形状も違ってくる。近頃は「ミスト」と呼ばれる霧状の噴水が人気を集めてい

るが、このノズルは先端の穴が非常に小さく繊細であるため、ポンプの他に濾過装置が必要になる。超音波によるミスト装置もある。

夜間、噴水を効果的に演出するための水中照明を設置する場合に、照明器具のためのピットを設けることもある。

「流れ」や「滝」などの水循環装置も、基本的には同じような原理であるが、水路底や壁面の素材や凹凸のつくり方によって、水の表情にさまざまな変化をもたらすことができる。

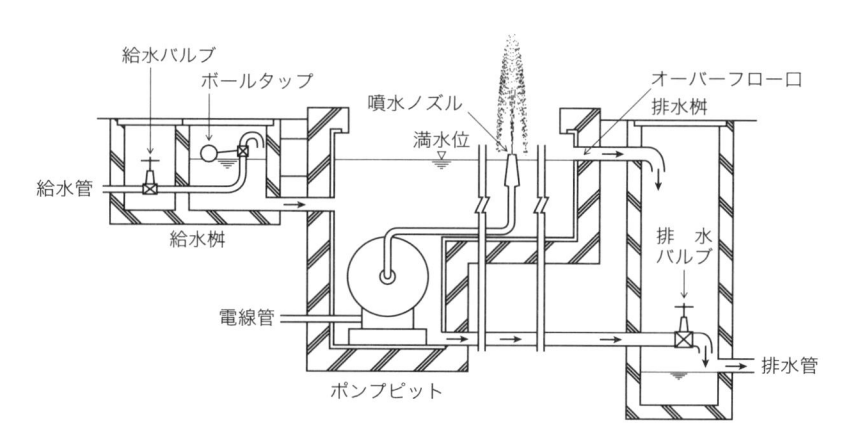

図4・12　池の標準断面図

4・5 照明施設

　夜の環境にとって照明は欠かせない。照明計画では、照明器具のデザインだけでなく、むしろ、どの場所にどのような明るさをもたらすことが効果的であるかということを十分に検討することが大切である。

　市販の照明器具にはさまざまな種類があるが、屋外の照明を考える上で、基本的には図4・13に示すような形状を頭に入れて計画する。

　具体的には、適正な照度や雰囲気を演出する上で必要なランプの種類(水銀灯、蛍光灯、白熱灯、ナトリウム灯など)やワット数を検討する。

　光の色を表す「色温度」という専門用語があるが、色温度の高い水銀灯や蛍光灯などは白っぽい光色で、色温度が低い白熱灯やナトリウム灯などの光色はやや黄色っぽい。

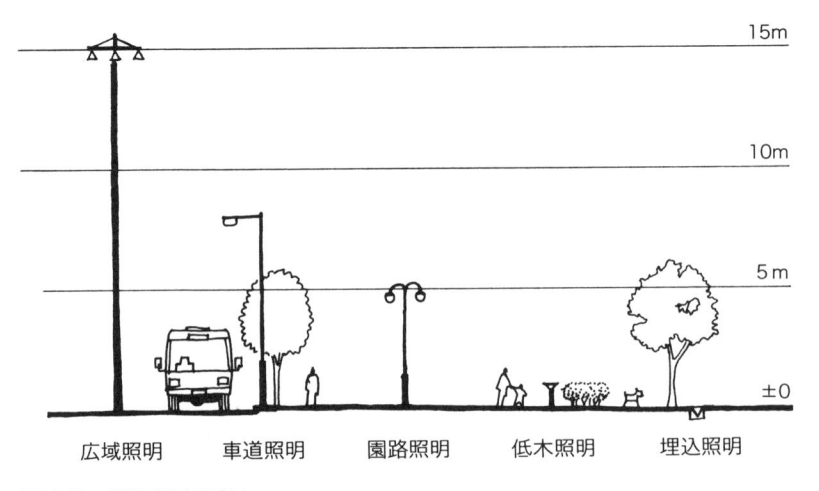

図4・13　照明器具の高さ

4・6 その他の街具、修景施設

　「街具」という言葉は、英語の「ストリート・ファニチャー」を日本語に置き換えた造語であり、戸外や街に置かれる家具という意味である。
　建築を設計する際には、ある程度の家具も同時にデザインしたり選択したりするのと同じく、戸外の生活にも必要な「街具」をデザインしたり、配置計画を考えたりする必要がある。
　街具にもさまざまな機能が求められ、それによって適材適所の選択が必要になる。
　「修景」という言葉も一般には耳慣れないと思うが、造園用語で「修景植栽」という言葉があり、「休憩施設周辺の景観を整えて、利用者に憩いの場を提供する植栽のこと」をいう。したがって、「修景施設」とは、室内空間であれば、床の間の掛軸や生け花、壁に掛けられる絵画やロビーに置かれるオブジェなどのように、それ自体がその場所を利用する人にとって必要不可欠な機能を持ったものではないが、それがあることによって、その空間が豊かに感じられるもののことをいう。
　具体的なものとしては、公園や広場に設置された彫刻やモニュメントと呼ばれるもの、池の噴水、プランターや花壇などである。和風庭園には、よく石灯籠が置かれているが、昔は照明の機能を持っていたのであるが、今ではほとんど修景施設として置かれている。
　そのような意味で、「用」「強」「美」のうち、空間に「美」を添える役割を担うのが「修景施設」であるとも言えよう（図4・14）。

4章 エレメントの基礎知識

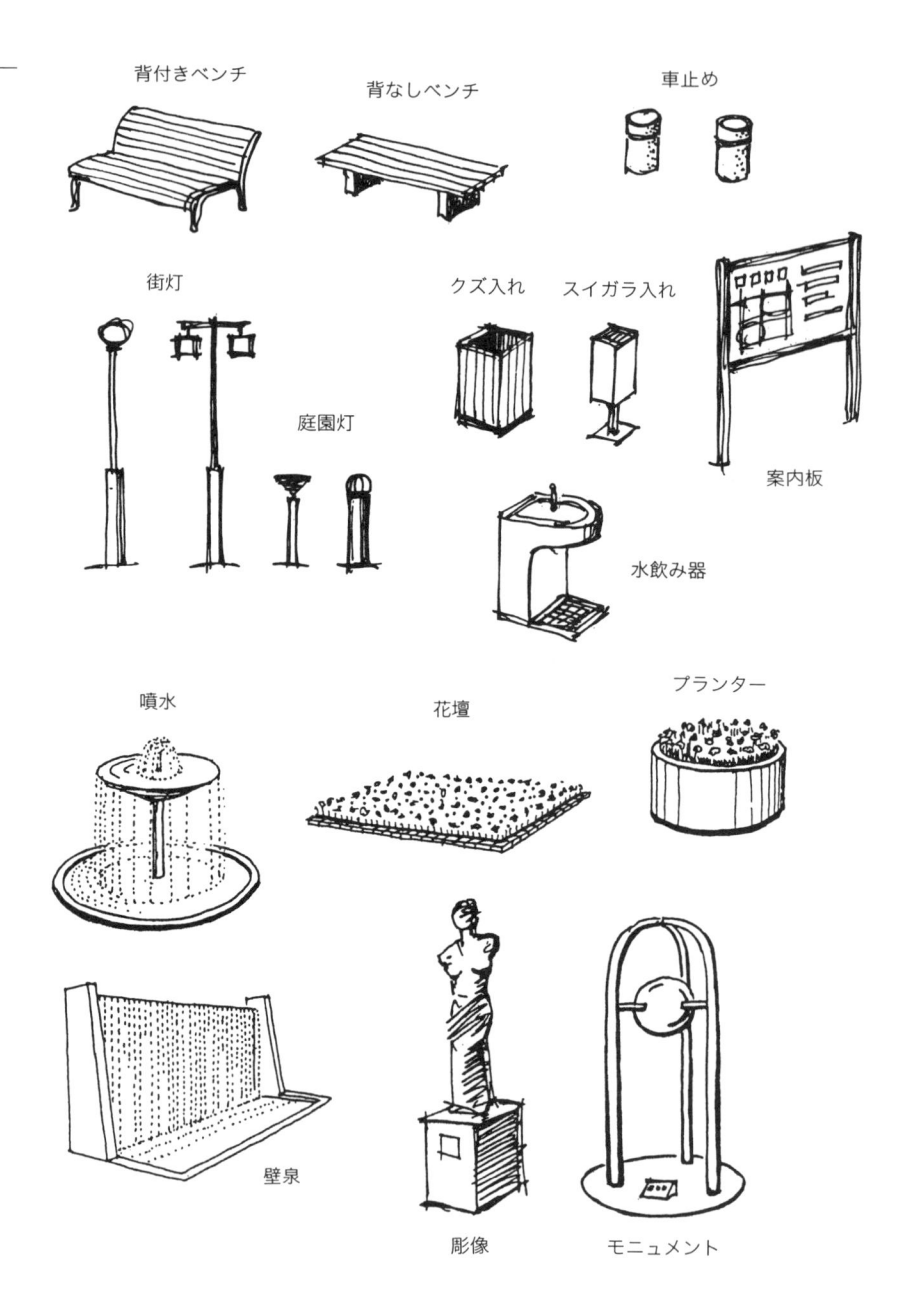

背付きベンチ　　　背なしベンチ　　　車止め

街灯　　　クズ入れ　スイガラ入れ

庭園灯

案内板

水飲み器

噴水　　　花壇　　　プランター

壁泉

彫像　　　モニュメント

図4・14　街具、修景施設のいろいろ

148

4・7 各種構造物

構造物にもさまざまなものがあるが、ここでは、ごく一般的なものを例示する。

1. 縁石

「えんせき」や「ふちいし」と呼ばれるものは、舗装のエッジや歩道と車道の境界、あるいは道路と宅地の境界（官民境界）などに使われる。

一般にはコンクリート製でいくつかの断面があるが、一つのブロックの長さは、通常60センチである（図4・15）。

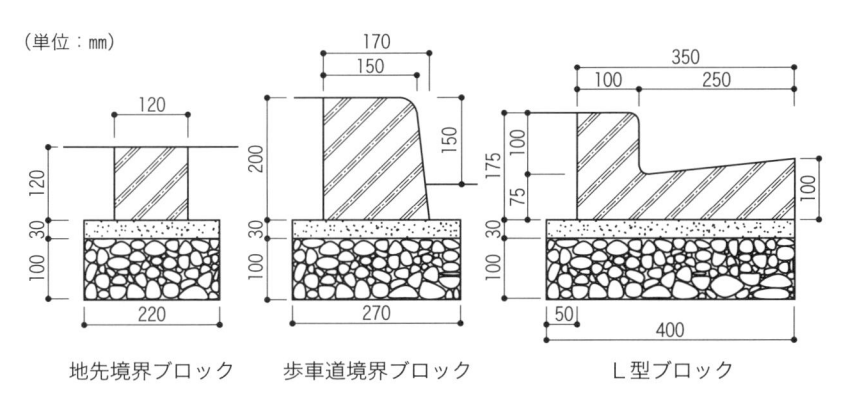

図4・15 縁石の断面

2. 排水溝・桝

　園路や広場には、雨水排水のための溝や桝が設置される。丸形や角形で、さまざまな大きさのものがある（図4・16）。

　排水溝や桝の蓋には、周囲の舗装と同じ素材を埋め込むことのできる、通称「化粧蓋」というものもある。円形のものを使う際には、点検などで蓋を動かした後にも、タイルパターンなどの向きが一定になるように周囲に噛み合わせ部を設けてあるタイプを使用するとよい。

　ちなみに「マンホール（manhole）」とは、地表部の内径が約60センチあり、文字通り「人の穴」という意味で、専門用語では「人孔(じんこう)」という。ついでに、もっと小さい桝は「ハンドホール」と呼ばれている。

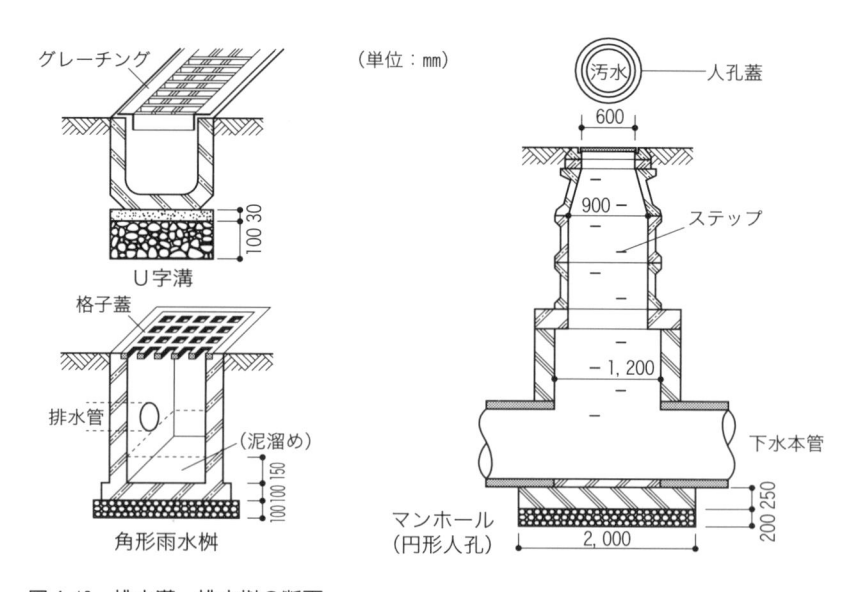

図4・16　排水溝、排水桝の断面

3. 擁壁・階段

　計画対象地の地形に高低差がある場合には、何らかの造成工事が発生し、所によっては、擁壁や階段が必要となる。擁壁の構造は、その場所に相応しい種類を選択するが、基本的には図4・17のような構造の違いがあることを知っておく。

　また、階段の構造にもいろいろあるが、図4・18のような断面形状が一般的である。

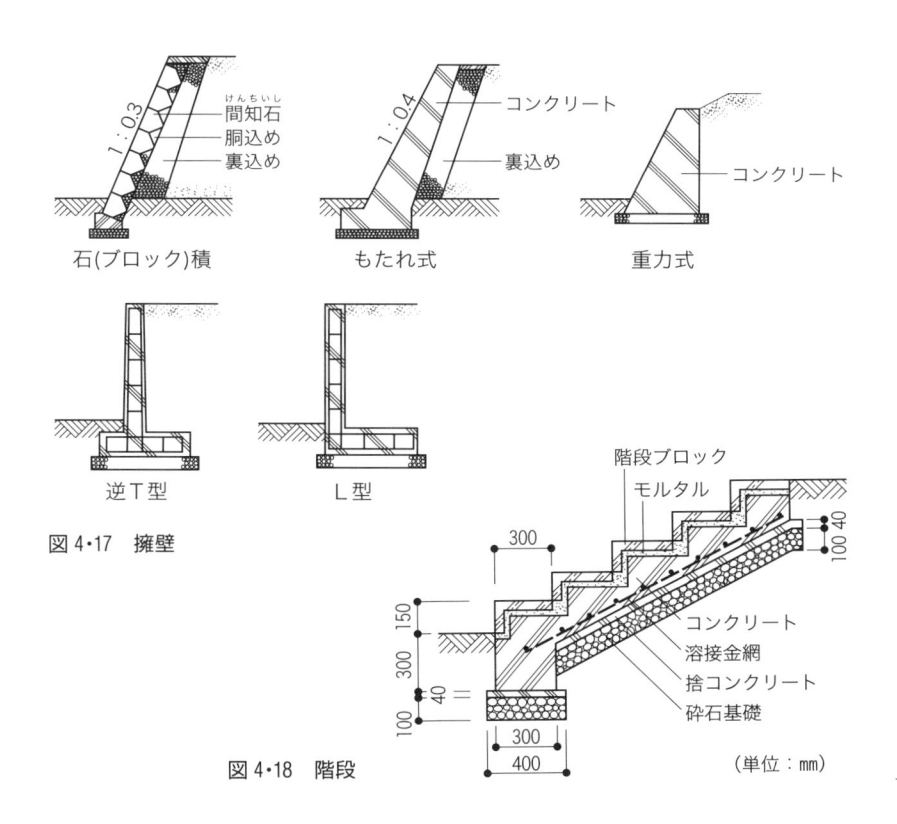

図4・17　擁壁

図4・18　階段

（単位：mm）

break

植物名の覚え方

　私は、当初、農学系出身者のように植物に関しては詳しくなかったので、まず、設計する空間のイメージに合う形や色をスケッチなどで表現し、それに基づいて植木屋さんに選んでもらったりしていました。

　私の経験では、まずよく耳にする名前を先に記憶し、公園や植物園などで、樹名板を見たとき、「ああ、これが○○ネ！」と、名前と実物を合致させるやり方がよく覚えられるようです。人の名前を覚えるのも同じです。

　唱歌や歌謡曲の中にもいろいろな樹や花の名前がでてきます。例えば、「♪サザンカ、サザンカ咲いた路…」と唱われる「たき火」に出てくるサザンカは垣根に使われ、木枯らしの吹く寒い季節に花が咲くのだ、というふうに覚えるのです。

　植栽にも、時代による流行りすたりがあり、昨今の「ガーデニング」の普及に伴って、花の咲く樹や、さまざまな園芸品種に人気が集まるようになってきました。

　いろいろな花言葉も草花の名前を覚えるのに役立ちます。

5章
ランドスケープデザイナーの現実

- **5・1** 就職先
- **5・2** 資格について
- **5・3** 関連法規を知る
- **5・4** 補助金制度への対応
- **5・5** 工事監理
- **5・6** コラボレーション
- **5・7** 報酬について

5章 ランドスケープデザイナーの現実

さあこれで、いよいよプロへの第一歩を踏み出すことになります。
とはいっても、実際のプロになって収入を得るには、まだ多くの難関が待ち構えています。
ただ、図面が描けるというだけでは、一人前のプロではありません。見積りや契約、様々な打合せなどを重ねることが必要になります。
学生時代にはあまり考えることもないでしょうが、ここでは最後に、現実の世界について少し触れておきます。

5・1 就職先

　ランドスケープデザイナーがどんな仕事をしているかということは、およそわかってもらえたと思うが、ここでは、どういう職場があるのかを述べる。

　まず、大きくは、公務員として官庁の都市整備課や公園緑地課というような部署に入る道と、民間の設計事務所や建設会社（ゼネコン）の設計部に就職する道に分けられる。

　国や地方自治体の技術職員としては、小規模で簡易な設計は内部で行う機会もあるが、大半は民間の建設コンサルタントに設計を発注し、それを指導監督することが主になる。このような立場に、優れたデザインセンスを持った人が増えてくれることが望まれるが、デザイン能力というものは、永年の実務経験を通して磨かれるもので、公務員にこれを期待することは、今のところ無理がある。

　民間で実務経験を積もうとする道も、さらに大きく二つの選択がある。一つの道は、個人事務所や、少人数の、いわゆるアトリエ系事務所で働くことで、もう一つは、所員数の多い組織事務所やゼネコンの設計部で働くことである。

　前者は、そこの代表者の名前やイニシャルを事務所名に使っているケースが多く、所員は、基本的に、その代表者のデザインセンスや技術をじかに習得できるチャンスが多い。後者では、その規模にもよるが、新人のうちは、分業化された仕事を割り当てられる可能性が高く、

デザインや技術も直属の上司からの指導を受けることになる。ただし、大組織では大規模なプロジェクトに参加できる機会も多くなる。

民間事務所でも、主とする傾向が、都市デザイン系、土木系、建築系、造園系などの違いがある。一般に国内では、ランスケープデザインを専門にしているのは造園系の事務所が多く、土木系のコンサルタントや建築設計事務所では、今のところ、残念ながら、ランドスケープデザインや外構設計は、脇役的な位置に置かれている。

大手の土木系総合コンサルタント会社では、所属部門によって、扱う環境が異なる。例えば、河川部というようなセクションに配属になると、通常は河川環境に関するランドスケープデザインが主になり、道路部であれば、道路環境に関するランドスケープデザインを中心的に扱うことになる。

設計事務所やコンサルタント会社以外でも、ハウスメーカーや工務店の中に、外構設計部といったセクションを設けているところもある。

住宅展示場や、マンションのモデルルームを見学に行くと、インテリアコーディネーターという肩書きを持った人が、いろいろと相談にのってくれるが、最近では、外構やガーデニングのアドバイザーを置く会社も増えてきたようだ。

いずれの道にも一長一短があるので、自分が将来どのような方向へ進みたいのか、あるいは自分がどちらに向くタイプなのかを十分に考えてほしい。

5・2 資格について

　「建築士」という国家資格があることは、かなりの人が知っているだろう。「〇〇一級建築士事務所」などという看板を掲げている事務所はその資格を持った人が管理建築士としているということである。そして、建築物を建てるためには、資格を持った建築士が各都道府県の建築主事にその設計図を提出して「建築確認」というものを得なければならない決まりがある。

　それでは、ランドスケープデザインをするためにも、何らかの資格がなければならないかというと、今のところは何の資格がなくても可能である。

　しかし、ランドスケープデザインの仕事は、その多くが公共事業であり、国をはじめ、各地方自治体が発注する仕事をとるためには、その会社あるいは個人が「建設コンサルタント」として登録され、それぞれの役所に「指名参加願い」というものを提出していることが条件になる場合がほとんどである。

　このコンサルタント登録には、それぞれの専門分野の「技術士」という国家資格を持つ人間を管理技術者として雇用していなければならないという決まりがある。したがって、公共事業を直接受注したければ、原則として、コンサルタント登録が必要になり、そのためには、技術士の資格がなければならないということになる。

　そこで、ランドスケープデザインを目指す人は、たいてい、「建設部

門」の中の「都市及び地方計画」の技術士の資格を取得しようとする。この試験は、4年制大学卒業後の実務経験が7年以上の人に対して、その人の専門技術的な経験に基づく論文を主に判定されるもので、「建築士」やアメリカの「ランドスケープアーキテクト」のように、設計の実技試験はない。

　建設コンサルタントの「都市計画及び地方計画部門」に限っては、一級建築士の資格を取得してから5年以上この分野の実務経験を積んだ後、しかるべき申請の手続きを踏んで、技術士と同等の資格として認定されれば、コンサルタント登録ができるという特典がある。ただし、この場合は、同一人が、一級建築士事務所の管理建築士を兼務することはできない。

　そのほかに、コンサルタントとしての登録はできないが、技術士の資格を取得するまでの段階としては、技術士補、R.C.C.M.（シビルコンサルティングマネージャー）、土木施工管理技士、造園施工管理技士などといった資格も役に立つ。

　2003年からはようやく「登録ランドスケープアーキテクト（RLA）」資格認定制度がスタートし、2013年7月に「一般社団法人ランドスケープアーキテクト連盟」という団体も設立されたが、国家資格になるまでの道のりはまだ遠い。

　いずれにしても、雇用している有資格者の人数が多いほど、その会社のランクが高く評価される仕組みになっているため、社内的にも、以上のような資格を持っている者が優遇されることになる。

5・3
関連法規を知る

　実社会においてデザイン活動を展開するには、依頼主からの与条件だけでなく、さまざまな法的条件をクリアしていかなければならない。

　ランドスケープデザインに関連する法規は非常に多いので、ここでは、代表的なものを列挙するにとどめるが、実際の業務を進める際には、それらの法規の内容を詳しく把握する必要がある。

　ランドスケープデザイナーにとって最も関係の深い法律は、2004年6月に国会を通過した「景観法」を含む、通称「景観緑三法」である。この内容は、前年に国が策定した「美しい国づくり政策大綱」に基づいている。

　都市環境に関わる代表的なものは「都市計画法」であり、都市基盤や拠点の開発を促進する「都市計画事業」と、建築活動をコントロールするものとしての「都市計画規制」とによって構成されている。さらに、「都市公園法」や「屋外広告物法」など、区域指定や各種規制などが定められている。

　建築に関わるものとしては「建築基準法」があり、その中に「施行令」「施行規則」「施行細則」「条例」などが詳細に決められている。

　2006年には、ユニバーサルデザインの考え方のもとに、それまでの「ハートビル法」と「交通バリアフリー法」を統合・拡充した「高齢者、障害者等の移動等の円滑化の促進に関する法律」、通称「バリアフリー法」が制定された。

また、歴史的建造物や景観の保全・規制に関する条例や、「建築協定」「緑地協定」などのように、県や市町村が独自に定める条例や協定もあるので、注意が必要である。

　土木関連では道路に関するものとして「道路法」があり、道路設計では「道路構造令」を参考にする。湖沼や河川に関しては「河川法」が定められており、護岸の改修や河川敷の整備などの際には十分なチェックが必要である。また、計画対象地や計画規模によっては「自然環境保全法」や「公害対策基本法」なども関わってくる。

　自然環境に関するものとしては、「環境基本法」があり、生態系の多様性の確保や、自然環境の体系的な保全、人と自然との豊かなふれあいを保つことがうたわれている。

　自然度の高い環境の中や大規模な開発計画に関しては、事前に「環境影響評価（環境アセスメント）」を実施して、行政や地域住民の同意を得なければならない場合もある。

　実際、このような法規の内容は、なかなか理解が難しく、勝手に解釈して計画を進めると、思わぬ所で暗礁に乗り上げてしまうことにもなりかねないので、適宜、国の出先機関や地方自治体の関係窓口に出向いて、担当者と相談することが望ましい。

　最近は、規制緩和の傾向が高まり、従来の法規では認められなかった計画でも、ある程度の条件を満たせば可能になることも増えてきているので、政策や法規の改訂などにも注意しておく必要がある。

　このような法的制約がなくても、自然との共存や共生というポリシーをもって計画に臨む姿勢がこれからのランドスケープデザイナーには不可欠条件といえる。

5・4 補助金制度への対応

　市町村の公共事業費については、国や都道府県からの補助金を活用することが多い。補助金とは、国や都道府県が指定した条件を満たす事業に対して、その総事業費の2分の1とか3分の1を国や都道府県が負担するものである。このような事業を「補助事業」と呼び、市町村独自の予算で行うものを「単独事業」という。

　補助事業の内容には、それぞれの条件がうたわれているため、それから逸脱した場合には補助金を受けられないこともある。

　かつて、全国津々浦々に、判で押したような、砂場、ブランコ、滑り台（通称「三種の神器」）のある児童公園が出現したが、それらは都市公園法に基づく補助事業にうたわれている設置基準を従順に取り入れてつくられたものである。

　近ごろは、地方の独自性を尊重する立場から、このような「補助金行政」に対する批判が高まっているが、現実には補助事業がすぐになくなるとは考えられない。逆に、まちづくりコンサルタントの立場として、有効な補助事業を教えてほしいと依頼されることもある。

　われわれランドスケープデザイナーが、補助事業に関わる設計を委託された場合に、その具体的な内容を把握する必要はあるが、それはあくまでも標準的なものとして、やはり、その地域のアイデンティティを生かしたデザインを心掛けて、画一化に陥らないよう努めるべきである。

5・5 工事監理

「工事監理」とは、工事が設計図書通りに実施されているかどうかを確認する業務であり、施工者が行う「現場管理」とは区別される。

建築の設計業務では、通常、公共、民間を問わず、設計業務に引き続いて監理業務も委託されるが、わが国の土木や造園の公共事業では、現在のところ、民間の設計事務所が監理業務を継続して委託されるケースがほとんどない。聞くところによると、公共の土木や造園の設計発注には、「監理」という費目が存在しないということだ。

この理由は、明治以来、公共の土木工事は、官庁の土木技術者が設計し、工事を監理するという伝統に基づいているからである。近年、土木事業の大規模化や高度化に伴い、欧米に倣って民間のコンサルタントに設計を委託することが増えたにもかかわらず、その工事監理だけは、依然として、発注側で行うという慣習が引き継がれている。

そのことによって、私自身、これまでにずいぶん苦い思いを味わってきた。つまり、設計図書を納めた時点で、その設計内容に関する一切の権限は発注側に移行し、その後の変更等は原設計者に事前に相談されることもない。

いかに緻密な設計図を作成したとしても、工事の現場において、予想外の変更を余儀なくされることもある。そのような場合に、原設計者に一言相談があれば、元の設計意図を変えない範囲での変更指示ができるが、現場の監理担当者が安易に変更指示を出したために、後で

見てがっかりさせられることが、数えきれないほどある。

　例えば、広場の中に、列柱を一直線に配置する設計にしたが、その内の一箇所が地下の障害物に当たることがわかり、少し移動させなければならなくなったとしよう。そのようなケースでは、まず、その部分の1本だけを移動するか、全体の列を移動するかを検討しなければないが、安易にその1本だけを移動したために、全体のバランスがくずれて、目も当てられなくなってしまうことがある。

　また、造園工事では、樹木や自然石などのように、工場製品ではないエレメントを使うことが多いが、図面や設計書にその種類や形状寸法を明示しても、実際に使われる材料はすべて個別の特徴を持っているので、原設計のイメージを踏襲するためにも、現場での指導が重要である。

　舗装材のような工場製品を使う場合でも、公共事業の設計では、原則としてメーカー指定ができないことになっているため、結果的には設計段階でイメージしたモノと似て非なる製品が使われることは、日常茶飯と言ってもよい。

　このような問題が起こる要因は、明らかに官庁の発注制度に問題があるのだが、公共事業の公平性という観点からは一理あるとも言える。

　私個人としては、今後の改善を大いに望むものであるが、このような現状のなかで、設計者としても、できるだけの対応をすることが必要であろう。例えば、ある程度の許容幅を持った設計にするとか、どうしてもこうしてほしいというような箇所については、通常の平面図や断面図のほかに、わかりやすいスケッチを添えたり、文章による説明を付ける。また、実際の権限はなくても、現場管理者との連絡を密にとって、重要なタイミングで現場に出向き、できる限り、原設計の意図が反映されるように努めたい。

5・6 コラボレーション

「コラボレーション（collaboration）」とは「共同作業や共同開発」などの意味で、ここでは「協働」と訳す。

音楽の世界では、異なるジャンルの音楽家が一緒に演奏するような時に使われる。例えば、スタンダードジャズとカントリーウェスタンのメンバーが一緒に演奏したり、ジャズバンドに三味線や尺八の奏者が参加するケースなども増えてきた。

これまでも述べてきたように、ランドスケープデザイナーの仕事は、参加型、協働型、持続型のデザインが求められるので、一つの職場内だけでは完結せず、地域住民や他の専門分野の人たちとのコラボレーションや、その際の調整能力も必要である。そのような意味で、職場を離れたNPO（非営利活動法人）やNGO（非政府組織）などのボランティア活動への支援も多くなっている。

また、複数の人間が集団で問題を解決していく「ワークショップ」という手段も増えており、この中で、ファシリテーター（facilitator＝手助けする人）としての役割を担うこともある。

ランドスケープデザインの仕事は造園だけでなく、土木、建築、都市デザインや環境芸術など、さまざまな専門分野とのコラボレーションの機会が多いが、それぞれの関係者間の意思が通じないケースをよく見かける。

俗に「言葉が噛み合わない」と言われるとおり、専門用語や図面表

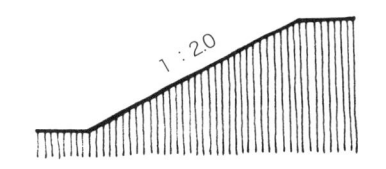

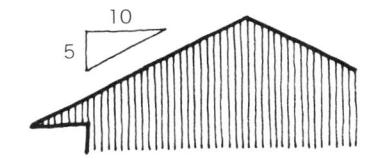

図 5・1 勾配の読み方

現の違いだけでなく、空間に対する感性の違いも大きい。

例えば、傾斜度の捉え方について、土木関係者は、法面勾配を「2割」とか「1割5歩」と言うが、建築関係者は、屋根勾配を「5寸」とか「4寸5分」と言う。法面の「2割勾配」は分数の「2分の1」の分母の「2」を、屋根勾配の「5寸」は「10分の5」の「5」を読んでいるのであるが、どちらも同じ傾斜度である。土木では、高さ「1」に対して平面の長さを読み、建築では平面長「10」に対する高さを読みとる習慣の違いである（図5・1）。ちなみに、土木の「1割5歩」は、分数で「1.5分の1」であり、建築の「4寸5分」は「10分の4.5」である。

また、スキー場のゲレンデ斜度は「25°」や「30°」などと度数で表し、道路や水路の勾配はパーセントで表示する。

このように明確な違いではなくても、発想の違いや設計プロセスの違いを挙げればきりがない。

造園と土木を比べると、造園では柔らかな自由曲線を好む傾向が強いのに対して、土木では曲率半径や幅員などに明確な数値を当てはめようとする。また、造園系の人は「うるおい」とか「季節感」などの雰囲気用語を多用するが、建築系の人は「コンテクスト（context＝文脈）」とか「ヒエラルキー（hierarchy＝階級、体系）」などという理論的表現を好む傾向が強い。一方、環境彫刻などの芸術系では、一般にこういった理論づけに対しては苦手な人が多い。

いずれにしても、さまざまな専門分野の人同士が一つのプロジェクトで協働するためには、自分の理論や感性を主張するよりも、まず相

手の傾向を知り、その云わんとする内容を理解することが大切である。その上で自分の考え方をそこに折り込んでいく手法が必要になる。

私の経験では、まえがきでも述べたように、大学の建築科を卒業してから、土木、都市デザイン、造園の仕事を経験してきたことが大きく役に立っており、多くの専門分野の人たちとのコラボレーションが比較的スムースに運んでいる。

例えば、建築家の意図を十分に理解した植栽計画によって、その建物がより良く見えるようになったり、標準的な土木構造物にちょっとしたアレンジを加えることによって、自然環境との違和感が軽減されることもある。

具体的な例を挙げると、あるニュータウン（住宅団地）の設計で建築事務所とコラボレートする機会があったが、傾斜地におけるかなり高密度の建築計画であるため、建築と外構を一体的に考え、いくつもの問題を解決して進めることができた。

また、土木コンサルタントが山の中の砂防ダムの設計をするにあたって、発注者である県の担当者から、周囲の自然環境に溶け込むようなデザインにしてほしいという要求が出され、標準的な設計ではできず、私に相談があった。そこで、私は土木的なコンクリート構造物に造園的な石積みを抱き合わせる工法を提案し、実現することができた。

このようなケースの場合には、私の立場は、通常、土木コンサルタントの下請けということになり、表に出られないことが多いが、この時は、県の担当者が直接私を指名したことによって、対等なコラボレーターとして仕事ができたのである。

他にも、異なる専門分野の知識が大いに役立ったケースはたくさんある。このように、ランドスケープデザインを目指す人は、常日頃からあらゆる分野の人や情報に接し、幅広い知識と感覚を身につける努力を怠ってはならない。

5・7
報酬について

　ボランティア活動は別として、仕事をするということは、報酬を得るということである。一般には、設計事務所や個人の設計者がどのような基準に基づいて、どの程度の設計料を受け取っているのか、あまり知られていない。

　設計料の算定には、大きく二通りの計算法がある。一つは、工事費に対する割合で決める「料率方式」といわれる方法で、工事費が〇〇〇万円に対して、設計料はその〇.〇％として〇〇万円とする。この場合のパーセンテージには、一応の相場というものがあり、例えば、先のケース・スタディで取り上げた、約2,400平方メートルの街区公園の標準的な工事費であれば、土地代を除いて約5,000万円ほどであり、基本計画報酬は1.5％で約75万円、基本設計報酬は3.0％で約150万円、実施設計報酬は6.0％で約300万円ほどになる。また、基本設計と実施設計の一括契約もあり、その場合はまとめて7.0％程度で約350万円である。このような料率は、工事費が大きくなるにしたがってパーセンテージが低くなっていく。

　二つめは、「人工積み上げ方式」と呼ばれる方式で、敷地面積や、設計の難易度を基準にして、設計にかかる技術者の標準作業量（日数）を割り出し、それに標準日額（通称、日当）を掛けたものを直接人件費と呼び、その数値に諸経費や直接経費というものを足して算出する。ちなみに、平成13年度において、大学卒業後の実務経験が3年未満の

「技術員」の標準日額は、およそ 22,500 円である。

　正式な設計見積書は、大抵この「積み上げ方式」で作成するが、現実には、先の「料率方式」でおよその数値を割り出し、大体それに近い数値を算定することが多い。

　設計事務所の収入は、基本的にこの設計報酬と、監理報酬で成り立っており、所員の給与はこの中から支払われることになる。給与の基準は事務所や会社の事情によって、かなりばらつきはあるが、平成13年度の4年制大学の卒業生が、民間の設計事務所に就職した場合の初任給の月額は約 16 万円から 20 万円弱であった。

　事務所の規模や受注総額によっても差はあるが、所員数が 10 名前後の設計事務所では、通常、設計報酬のほぼ3分の1が技術者の人件費であるといわれ、逆にいえば、一人の所員は、その給与の約3倍の設計報酬に見合う仕事をしなければならないということになる。

　私たちの職能は、一般に「知的労働」と言われる分野であり、それに費やした時間よりも、成果の質によって評価されるべき性質のものである。しかし、わが国の現状では、まだその評価は十分とは言えないが、未来に向けての夢をもって、少しでも質の高い環境をつくり出し、ランドスケープデザイナーの社会的評価の向上に努めたい。

▲
/break\

仕事に誇りと責任を！

　ある時、「まちかど広場」と呼ばれる、小さな広場の工事現場を、自主的に視察し、図面を広げていると、近所の人が、何か言いたそうに「おたく、役所の人？」とやって来ました。

　私が「いいえ、この広場を設計した者です」と答えると、その人は「でも、そこの立て札に「設計：○○市土木部」って書いてあるから…」と怪訝そうでした。

　確かに、建築の現場には、たいてい、設計事務所名と管理建築士の氏名が明示されていますが、公共の土木工事では、そのような表示は見当たりません。

　5・5節でも書きましたが、これが、一般の現状です。私は、何も、自分の名前や、事務所名を売り込みたいと思っているのではありませんが、自分の仕事に誇りと責任を持てるような仕組みができることを、いつも願っています。

あとがき

　本稿を書き終えて間もない、2002年3月15日に、池原謙一郎氏が亡くなられた。

　池原氏は、1951年に東京大学の農学部を卒業後、同大学助手、建設省、日本住宅公団、民間コンサルタント会社勤務を経て、東京大学農学部講師、筑波大学芸術学系教授等を歴任され、本稿第1章の第2節でも紹介したように、1964年に代々木公園の設計コンペに入選し、わが国のランドスケープデザイン界をリードしてきた方である。

　思い返せば、1970年代の中ごろ、私の大学の10年先輩にあたる、内藤恒方氏がアメリカから帰国して、東京の原宿で建築とランドスケープデザインを併合した事務所を開いており、氏にいろいろとアドバイスを受けていたことがきっかけで、同じビルの中に事務所のあった池原氏を紹介されることになるのである。

　その、原宿のビルには、当時は「造園設計事務所連合」という組織の事務局があり、その組織の中心であった小林治人氏が率いる「東京ランドスケープ研究所」という事務所もあって、まさに日本のランドスケープデザイン界の拠点であった。

　そのころ、今やわが国のランドスケープデザイン界の中核を担うようになった、若手のランドスケープデザイナーたちが、池原氏や小林氏を囲んで熱く語り合っていた。

　当時の私は、まだ、将来本格的にランドスケープデザインを本業にするという確信を持っていたわけではないが、ここで出会った諸先輩や同年輩のランドスケープデザイナーたちから大きな影響を受けた。特に、池原氏が作品性を主張しすぎる建築を批判しながら「ランドスケープデザインはアノニマスであるべきだ」とよく語っていたことは、今でも強く印象に残っている。

そして、もう1人の師として、宮脇檀氏を忘れることはできない。宮脇氏は内藤恒方氏と大学の同期であり、つまり私の先輩ということになるが、若いうちから、住宅設計で才能を発揮し、次第に集合住宅地の計画を手掛けるようになった建築家である。

　1985年に、先の内藤氏からの紹介で、私がランドスケープデザイナーとして、宮脇ファミリーの一員に加わる機会を得、その後、数々の集合住宅地の設計に関わらせていただくことになる。

　宮脇氏は「地域の景観的な秩序を大切に」という理念をもった人で、建築を単体としてではなく、「まちなみ」という群の中で捉えることを常に心掛けていた。そういう意味ではランドスケープデザイナーでもあったと言える。そのランドスケープデザインを担当させていただくなかで、私は氏のデザイン・ポリシーや具体的な手法を数多く学びとることができた。特に印象に残っているのは、打合せの時、常にロールのトレーシングペーパーと色鉛筆が用意され、話をしながら、その場でイメージスケッチを何枚も描き上げていかれたことだ。

　また、1991年に宮脇氏が日本大学生産工学部の教授に就任されるにあたり、私を「環境デザイン論」の講師に推薦してくださったことが、このたび本書をまとめる原点にもなったのである。

　その宮脇氏は1998年10月21日、62歳の若さで帰らぬ人になってしまった。

　拙著ではあるが、本書を、今は亡き池原謙一郎氏と宮脇檀氏に深い感謝を込めて捧げたいと思う。

　また最後に、拙い内容にもかかわらず、本書を出版にこぎつけてくださった、学芸出版社の前田裕資氏と宮本裕美氏にも心からお礼を申し上げる。

　　2002年6月

　　　　　　　　　　　　　　　　　　　　　　　　八木健一

索引

IDカード 33
IFLA 15
L型ブロック 149
NGO 164
NPO 164
R. C. C. M. 158
RC造 36

【あ】
アイソメ 67
アイデンティティ 33, 36
アイレベル・パース 69
アクソメ 67
アクリル系塗料 66
網代形 141
アスコン 137
あずまや 101
アスレチック遊具 101
圧力水槽式 105
アトリウム 36
アトリエ系事務所 155
アナログ 23
アナログ型人間 23
アノニマス 5, 170
アプローチ 40
アメニティ 21
アルベロベッロ 34
暗渠式 106
安全管理施設 101
案内施設 101

【い】
池原謙一郎 15, 170
市松形 141
一級建築士 158
一点透視図法 69
イマジネーション 22
イメージプラン 59, 94
癒し効果 125
色温度 146
陰翳礼讃 30

【う】
ヴィジュアル 85
ヴェスト・ポケット・パーク 17
ウォーカー、ピーター 16
雨水排水 106
右脳型 24
ウロコ形 141

【え】
エクボ、ガレット 16
エコ意識 28
エコカー 28
エコ関連事業 28
エコ素材 28
エコハウス 28
エコマーク 28
エコロジー 28
エコロジカル・デザイン 16
エスキス 55
枝張り 129
枝分かれ型 105
エポキシ 138
エレメント 122
遠近図法 69
縁石 149
エンドユーザー 84
エンバカデロ・プラザ 17

【お】
オークランド・ミュージアム 16
オーバーフロー 144
オープンスペース 40
屋外広告物法 159
屋上スラブ 132
屋上緑化 29, 132
汚水排水 106
オブジェ 147
オルムステッド、フレデリック・ロウ 14

【か】
ガーデニング 40, 152
カーポート 40
開渠式 106
街具 147
街区公園 44, 77
カイリー、ダン 16
カサブランカ 35
過失責任 24
下垂式 133
河川法 160
合掌造り 34
カラーツール 62, 70
環境アセスメント 160
環境影響評価 160
環境基本法 160
環境芸術家 41
環境構成要素 32
環境心理学 16
環境デザイン 13
関係の美学 32
緩衝帯 98
灌水設備 133
完成模型 63
完成予想図 113
カンディンスキー 17
官民境界 149
監理業務 162
管理建築士 157
監理報酬 168

【き】
キーワード 83
企画提案書 84
技術士 157
技術士補 158
基本計画 77
基本構想 77
基本設計 77
休憩施設 142
給水施設 104
休養施設 101

供給処理施設　80
曲率半径　165
キルビメーター　117
近隣公園　44
【く】
区画街路　42, 82
くずしの技法　56
グラウンドカバー　126
クリエーション　22
グリッド　37, 69, 88
グレーチング　150
【け】
景観軸　15, 89
傾斜屋根　34
軽量土壌　132
ケース・スタディ　77
化粧蓋　150
建設コンサルタント　155
現存植生　79
原単位　37
間知石　151
建築確認　157
建築基準法　159
建築協定　159
建築士　157
建築主事　157
検討模型　63
【こ】
降雨強度　107
公開空地　40
公害対策基本法　160
工事監理　77, 162
剛性舗装　139
構造強度　24
構造計算　24
高置水槽式　105
交通管理者　43
交通工学　43
好陽性　128
合流式　106
五感　21
護岸整備　46
国営公園　44
国土地理院　64
コスト　100
個性化　32

個体差　125
戸建て住宅地　80
小林治人　170
コモン型住宅地　42
コモンスペース　42
コラボレーション　41, 164
コンサルタント登録　157
コンセプト・メイキング　78, 83
コンター図　64
コンター・ライン　63
コンテクスト　165
【さ】
ザイオン、ロバート　16
砕石路盤　140
サウンドスケープ　31
サステイナブル　29
左脳型　24
サブロクのモデュール　37
砂防ダム　166
三角スケール　94
産業廃棄物　29
三斜法　117
三点透視図法　69
サンドクッション　140
【し】
市街化調整区域　80
視覚障害者誘導用ブロック　26
敷き均し工法　138
敷き並べ工法　138
自然環境保全法　160
自然流下　105
シチュエーション　23, 94
実施設計　77
実測図　80
指名参加願い　157
修景　147
修景機能　124
修景施設　101, 147
修景植栽　147
従量式　108
樹冠　126
純粋芸術　24
浄化槽　106

消点　69
照度分布　102
常緑樹　126
植栽平面図　98
植生　41
人孔　150
人工地盤　132
伸縮目地　139
浸食防止　124
親水護岸　46
新陳代謝　128
浸透式　106
【す】
水系　92
水景施設　144
水質汚染　80
水性ペイント　66
数量計算書　115
スキャナー　62, 70
スクラップ・アンド・ビルド　29
スケール感覚　53
スケールバランス　36
スタディ・パース　69
スチのり　66
スチレンペーパー　63
スチレンボード　63
スチレンボンド　66
スツール　101, 142
ステンレス・ワイヤー　133
ストリート・ファニチャー　147
スメルスケープ　31
スラブ　132
【せ】
整形街区割り　42
生態学　28
積算資料　117
石灰岩ダスト　137
設計コンペ　15
設計報酬　168
接着工法　138
ゼネコン　155
施肥　130
セメント・コンクリート　137
潜在自然植生　79

173

セントラルパーク　14
【そ】
造園雑誌　14
造園施工管理技士　158
造園設計事務所連合　15
双幹　127
造景　4, 13
総合公園　44
総合コンサルタント　45
総合平面図　112
総合保養地域整備法　47
相似比較　54
造成地　81
草本類　130
ゾーニング　88
組織事務所　155

【た】
耐陰性　128
耐煙性　128
耐荷重　132
耐乾性　128
大気汚染　80
耐湿性　128
耐潮性　128
タイルパターン　59
多幹　127
たわみ性舗装　139
談合問題　84
【ち】
地下埋設物　81
地球温暖化　29, 124
地区公園　44
地向　79
地先境界ブロック　149
地質構造　79
地中アンカー方式　131
知的労働　168
地と図　136
地被植物　130
中水　105
鳥瞰図　69
直接経費　167
直接人件費　167
直幹　127
直結方式　104

地割り　86
【つ】
ツール　55
ツリーサークル　132
ツル性植物　133
【て】
定額式　108
堤体　46
テーマカラー　36
テーマパーク　46
テクノロジー　23
デザイン・コンセプト　17, 83
デザイン・ポリシー　84
デジタル　23
デッサン　51
添景物　113
点字ブロック　26
電磁弁　144
【と】
灯具　102
透視図　67
透水管　107
透水性舗装材　28
動線計画　43
登はん式　133
トゥルッリ　34
道路構造令　160
道路法　159
都市計画規制　159
都市計画事業　159
都市計画法　159
都市公園法　159
都市施設　80
土壌浸食度　79
塗装工法　138
土地利用計画　42, 86
突出色　35
土木施工管理技士　158
巴形　141
ドリップ方式　133
トレーシングペーパー　55

【な】
内藤恒方　170
流し込み工法　138
中瀬勲　16

中抜き　66
馴染みの美学　32
均しモルタル　140
軟弱地盤　79
【に】
ニーズ　47
二次製品　100, 117
二点透視図法　69
日本造園学会　14
日本造園コンサルタント協会　15
日本ランドスケープフォーラム　15
人工積み上げ方式　167
認識軸　89
【ね】
ネットフェンス　133
【の】
ノズル　144
法面勾配　165
【は】
パーゴラ　101, 142
パースペクティブ　67
バーチャル　50
ハートビル法　159
配管系統　104
排水溝　150
ハウスメーカー　39
パソコン　55
パターン　37
発泡スチロール　63
馬踏み形　141
バリアフリー　25
バリアフリー法　160
ハルプリン、ローレンス　16
ハレパネ　66
半たわみ性舗装　139
ハンドホール　108, 150
【ひ】
美意識　32
ヒートアイランド現象　29, 132
ヒエラルキー　165
ビオトープ　29
ヒップサポーター　142

174

日比谷公園　15
日干し煉瓦　35
標準作業量　167
標準日額　167
ピンコロ石　141
【ふ】
ファサード　42
ファシリテーター　164
フィードバック　113
フィールドノート　81
風致地区　80
フォアコート・プラザ　17
フォルム　34
付加価値　5
福祉のまちづくり　27
フラッシュバルブ式　105
プラニメーター　117
フリーハンド　55
プロジェクト　28
プロセス　77
プロポーザル　78, 84
分節化　36
分電盤　108
分流式　106
【へ】
平面幾何学式庭園　17
ペイリーズ・パーク　17
便益施設　101
変形コマンド　70
【ほ】
ポイントカウント法　115
防災機能　41
ボールタップ　144
歩車道境界ブロック　38, 149
補助金制度　161
補助事業　161
保水機能　124
舗装パターン　59
歩道平板　38
ボランティア活動　264
ポリウレタン　138
ポリエステル　138
本多静六　15
ポンプピット　144

【ま】
マーキング　65
マスタープラン　41, 77
まちづくりの作法　5
マテリアル　36
マニング公式　107
マラケシュ　35
マンホール　111, 150
【み】
水循環装置　145
ミスト　144
都田徹　16
宮脇檀　171
看る　20
観る　19
鑑る　19
見る　19
視る　19
診る　20
監る　20
【め】
明治神宮外苑　15
メーカー指定　163
目地砂　140
目地モルタル　140
メッシュカウント法　115
目通り　129
【も】
木チップ　138
木本低木　130
モデュール　36, 37
モニター　70
モニュメント　44, 147
【や】
野外卓　101, 142
屋根勾配　165
【ゆ】
遊戯施設　101
有機的　42
ユニバーサルデザイン　25
【よ】
熔接金網　139
用途地域　80
擁壁　151

【ら】
ライトアップ　102
ランドスケープ研究　14
ランドスケープコンサルタンツ協会　15
【り】
リサイクル技術　29
リゾート法　47
流出量　107
料率方式　167
緑地協定　159
緑地保全地区　80
林間遊歩道　36
【る】
ループ型　105
ルーフドレーン　132
【れ】
歴史的建造物　159
【ろ】
漏電ブレーカー　108
ローチ、ケビン　16
路床　140
ロットリング　59
【わ】
ワークショップ方式　17
ワープロ　67

索引

八木健一（やぎ・けんいち）

一級建築士、登録ランドスケープアーキテクト。
1947年福井県生まれ。1969年東京藝術大学美術学部建築科卒業。土木系設計事務所、都市デザイン系コンサルタント事務所勤務を経て、現在、八木造景研究室・主宰。NPO法人景観デザイン支援機構の「まちなみスケッチ塾長」を兼務。さらに複数の大学で景観デザイン関係の講座を担当するとともに、複数の自治体からの委嘱で「景観アドバイザー」なども務めている。主な著述に『日本の街を美しくする』（共著／学芸出版社）、『眼を養い手を練れ』（共著／彰国社）、『絵になるまちづくり』（福井新聞連載コラム）、『環境演出の手法』（総合ユニコム出版）など。

はじめてのランドスケープデザイン

2002年7月30日　初版第1刷発行
2014年2月20日　第2版第1刷発行
2023年7月20日　第2版第3刷発行

著　者………八木健一
発行者………井口夏実
発行所………株式会社 学芸出版社
　　　　　　京都市下京区木津屋橋通西洞院東入
　　　　　　電話075-343-0811　〒600-8216
装　丁………上野かおる
印　刷………イチダ写真製版
製　本………新生製本

Ⓒ Kenichi Yagi 2002　　　　　　　　Printed in Japan
ISBN978-4-7615-1177-7

JCOPY　〈㈳出版者著作権管理機構委託出版物〉

本書の無断複写（電子化を含む）は著作権法上での例外を除き禁じられています。複写される場合は、そのつど事前に、㈳出版者著作権管理機構（電話03-5244-5088、FAX 03-5244-5089、e-mail: info@jcopy.or.jp）の許諾を得てください。
また本書を代行業者等の第三者に依頼してスキャンやデジタル化することは、たとえ個人や家庭内での利用でも著作権法違反です。